AF461740

NOTICE

SUR LES

MINES DE FER

ET DE

CUIVRE ARGENTIFÈRE

DES

BENI-AQUIL

(CERCLE DE TENÈS — PROVINCE D'ALGER)

PAR

M. Lucien RENARD

INGÉNIEUR HONORAIRE DES MINES, ETC., ETC.

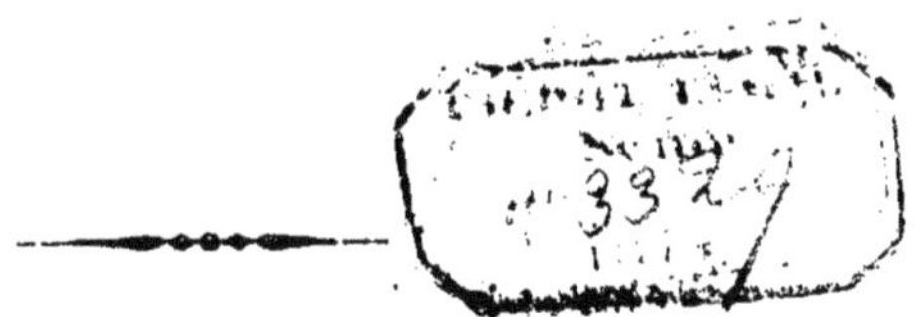

PARIS
IMPRIMERIE CENTRALE DES CHEMINS DE FER
A. CHAIX ET Cie
RUE BERGÈRE, 20, PRÈS DU BOULEVARD MONTMARTRE.
1874

S

NOTICE

SUR

LES MINES DE FER ET DE CUIVRE ARGENTIFÈRE

DES BENI-AQUIL

CERCLE DE TÉNÈS — PROVINCE D'ALGER

L'Algérie renferme un grand nombre de gîtes minéraux qui offrent à l'industrie des ressources considérables et variées.

Plusieurs d'entre eux sont exploités en ce moment, et donnent des bénéfices considérables. D'autres ont été l'objet de tentatives d'exploitation qui ont été suspendues, principalement à défaut de moyens de transports économiques des produits, avant qu'on fût fixé sur la valeur commerciale des gîtes.

Mais la création des chemins de fer algériens, l'organisation de la navigation à vapeur, et surtout l'immense développement que prend la fabrication de l'acier Bessemer, ont entièrement modifié les conditions d'exploitation en facilitant les transports et en donnant un accroissement de valeur aux minerais de fer à propensions aciéreuses.

Chacun sait en effet que, dans ces derniers temps, la fabrication de l'acier par divers procédés nouveaux, dus à MM. Bessemer, Martin et Siemens, a pris un essor et une importance extraordinaires en Angleterre et en Belgique.

Un autre pays voisin sur lequel notre attention doit être constamment portée d'une manière spéciale, *l'Allemagne,* déploie également la plus grande activité à étendre sa production en aciers propres à *tous usages.*

Il y existe actuellement vingt hauts fourneaux produisant annuellement 130,000 à 150,000 tonnes de fonte Bessemer, et l'on est en train d'établir 60 à 70 convertisseurs dont le fonctionnement exigera l'emploi de plus de 500,000 tonnes de fonte, et produira environ 400,000 tonnes d'acier Bessemer.

La production actuelle sera donc triplée, et peut-être quadruplée dans peu d'années.

Une notable partie de l'acier que l'on produit aujourd'hui est employée à la fabrication des rails, des essieux et des bandages.

Indépendamment de la fabrication Bessemer, on compte en outre, en Allemagne, cinquante fours produisant journellement 200 tonnes d'acier, par le procédé Martin.

La France développe aussi ses aciéries, mais elle est loin d'y mettre autant d'empressement.

Ce mouvement intensif et général de la métallurgie a naturellement donné une impulsion relative à la recherche et à l'exploitation des minerais de fer manganèsifères, convenables aux nouvelles méthodes.

Aussi la production minière de la Suède, du Cumberland, de l'Espagne, des îles d'Elbe et de Sardaigne a-t-elle progressé notablement dans ces derniers temps.

L'Algérie n'est pas restée en dehors du mouvement. Ses gisements puissants d'excellents minerais, qui présentent des ressources si avantageuses pour la France particulièrement, paraissent destinés à combler un déficit réel dans la fabrication du fer et de l'acier du continent européen.

Aussi ses mines sont-elles, en ce moment, très-étudiées et très-recherchées.

Dans un voyage d'exploration en Afrique, que nous avons fait en septembre dernier, nous avons visité dans la tribu des Beni-Aquil, entre Tenès et Cherchell (province d'Alger) et à peu de distance de la Méditerranée, une concession minière qui, sous le rapport du nombre, de l'étendue et de la richesse des gisements métallifères, nous paraît ne le céder en rien aux mines les plus renommées de l'Espagne et de l'île d'Elbe.

Nous en avons étudié les ressources, et nous avons été prié, à notre retour en France, de réunir par écrit nos observations, et de compléter nos appréciations par l'exposé des travaux préparatoires à exécuter et l'indication des dépenses à faire pour mettre à fruit cette concession.

Tel est l'objet de la notice suivante.

PREMIERE PARTIE.

ÉTUDE DE LA CONCESSION MINIÈRE DES BENI-AQUIL.

§ 1. — **Sa situation.**

La concession métallifère des Beni-Aquil est située dans la province d'Alger, près du rivage de la mer, entre Cherchell et Tenès. (*Voir planche I.*)

Elle fait partie du district de Tenès, remarquable par le nombre et l'importance des gîtes métallifères qu'on y a signalés jusqu'à ce jour. — Tenès est bâti sur le bord de la Méditerranée, à l'embouchure de l'Oued-Allelah, et possède un port en construction.

En outre, les baies des Beni-Haouas et de l'embouchure de l'Oued Dhamous, plus rapprochées des mines, présentent des anses, favorables aux chargements des navires en rades foraines.

Le centre de la concession est distant, à vol d'oiseau :

1° De la mer,	d'environ	8	kilomètres.
2° de Cherchell,	—	51	—
3° De Tenès,	—	23	—
4° D'Orléansville,	—	45	—
5° Des Ataffes,	—	28	—

Ces deux derniers points appartenant à la voie ferrée d'Alger à Oran, il suffit de jeter un coup d'œil sur la carte pour reconnaître, *a priori*, la possibilité de relier au besoin la concession des Beni-Aquil au réseau des lignes de chemins de fer existantes, et par suite, aux ports principaux d'Algérie, au moyen d'une route carrossable ou, s'il était possible, d'une voie ferrée de raccordement traversant la forêt des Tachetas et allant aboutir à la station des Ataffes, distante d'Alger de 175 kilomètres et d'Oran de 248 kilomètres.

Ce chemin direct n'aurait qu'une longueur de 44 à 45 kilomètres, dont la moitié existe déjà et sert aux transports par voiture des Tachetas aux Ataffes (1). (Voir les cartes de O. Mac Carthy.)

Moyens de communication. — Les moyens de communication laissent actuellement à désirer. — *Tenès*, ville

(1) Nous pensons, toutefois, qu'à moins de circonstances particulières étrangères à l'exploitation proprement dite des mines des Beni-Aquil, il sera plus avantageux d'en diriger les produits directement vers la mer.

importante (4,400 habitants), était, avant la construction du chemin de fer d'Alger à Oran, le port d'exportation des produits agricoles de la vallée du Chélif, en même temps que son port de ravitaillement. Une excellente route relie cette ville à Orléansville, située dans la vallée du Chélif, à une distance de 53 kilomètres du littoral, à 208 kilomètres d'Alger, et 213 kilomètres d'Oran.

Cherchell (population, 8,600 habitants dont 6,800 indigènes) a également un port et se relie à la station de El-Affroun, par une route de 40 kilomètres de longueur, et de ce point à Alger par une voie ferrée de 59 kilomètres (O. Mac Carthy).

Mais pour aller des Beni-Aquil *à Tenès*, il faut parcourir une quarantaine de kilomètres par des chemins muletiers peu viables, surtout à la suite des pluies ; et pour gagner *Cherchell*, le chemin n'est plus commode que sur les deux tiers du parcours, et il est beaucoup plus long.

En effet, il faut toujours prendre les voies muletières pour atteindre, à l'embouchure de l'Oued Dhamous, la côte que l'on suit pendant 15 à 20 kilomètres, ensuite reprendre, à l'est de ce point, une route carrossable qui conduit à *Cherchell*, en passant par les mines des Gourayas, — soit un parcours total de 68 kilomètres.

Savoir : { des Beni-Aquil à la vallée, puis à l'embouchure de l'Oued Dhamous, 18 kilomètres; de l'Oued Dhamous aux Gourayas, 25 kilomètres, et des Gourayas à Cherchell, 25 kilomètres.

De la concession des Beni-Aquil à la mer, il y a deux voies de communication :

1° Un chemin muletier de 7 à 8 kilomètres, suivant le cours de l'Oued Sebt et aboutissant à la baie des Beni-Haouas;

2° Le chemin muletier de 18 kilomètres, allant à l'embouchure de l'Oued Dhamous.

Topographie. — La situation topographique de la concession des Beni-Aquil est l'une des plus favorables de l'Afrique sous les divers rapports du climat, du caractère des populations, et des ressources locales nécessaires à une grande entreprise minière.

La population indigène, composée de Kabyles, est paisible et laborieuse, sympathique aux concessionnaires et à l'établissement d'une vaste exploitation locale.

Elle habite les flancs des montagnes, les cultive, et dispose d'un contingent important de mulets qu'elle fournit à meilleur compte que dans aucune autre partie de l'Algérie.

Elle accueille convenablement les étrangers et respecte leurs propriétés.

La forêt des Tachetas (dont la contenance est de 1,100 hectares) et les collines qui entourent les mines peuvent fournir amplement tous les bois de soutènement.

Enfin, la proximité de la mer facilite à la fois l'exportation des produits de la concession, et les approvisionnements de vivres, de matériel, etc.

§ 2. — **Délimitation de la concession.**

La concession des Beni-Aquil, octroyée le 11 mai 1861, comprend un vaste champ d'exploitation, embrassant une superficie de 44 kilomètres carrés, 76 hectares 92 ares, délimitée comme suit *(voir le décret de concession et la planche II)* :

Au Nord, par une série de lignes droites reliant successivement le sommet du Djebel Gorfe (point A), le Marabout de Sidi-Aïssa (point B), le sommet du Djebel Bousman (point C), le Marabout de Sidi-Bouadje (point D) sur le Djebel Masker, le sommet du Djebel Falman à l'embouchure de l'Oued Monelsache;

Au Sud et *à l'Est*, par l'Oued Dhamous ;

A l'Ouest, par l'Oued Kseub, depuis le point C jusqu'au point H, et par les lignes droites tirées du point H au point I, sommet du Djebel Tachour, et du point I au point A, point de départ du périmètre.

Orographie. — La concession des Beni-Aquil est sensiblement disposée en un triangle dont la base est formée par le cours sinueux de l'Oued Dhamous, et les deux autres côtés représentés : 1° par une ligne septentrionale à peu près parallèle au littoral de la Méditerranée; 2° par une perpendiculaire N. S. à cette ligne, partant du sommet et aboutissant à l'Oued Dhamous.

La pente générale du terrain incline du sommet du triangle à sa base, et l'Oued Dhamous reçoit successivement dans son parcours les eaux de presque tous *les Oueds*, qui sillonnent le territoire concédé, fortement accidenté par des vallées profondes, encaissées entre des montagnes abruptes et élevées.

Les principales altitudes sont les suivantes :

Les maisons de la fonderie des Beni-Aquil, 516^{m}.

1re ligne de faite,

Sidi Aïssa.	586^{m}	au-dessus de la mer,
Djebel Imoula	639^{m}	id.
Djebel Bou Smahan. .	545^{m}	id.

Sauf pendant les temps pluvieux, tous les cours

d'eau secondaires et principaux, qui sillonnent le territoire concédé sont à sec. Mais les pluies d'automne et d'hiver les convertissent rapidement en torrents impétueux, tant à cause de la déclivité rapide de leurs rives, que de l'imperméabilité des couches argileuses et terreuses de la superficie.

Aussi, voit-on, *d'une part,* les lits des ruisseaux encombrés de blocs monstrueux, arrachés des rochers par la violence du courant, et roulés à des distances considérables, — et, *d'autre part,* le lit fluvial de l'Oued Dhamous, profondément ouvert sur une largeur de 200 à 400 mètres, et encombré de sables, qui obstruent son embouchure. Ces détails expliquent suffisamment le système orographique du pays pour qu'il ne soit pas nécessaire de nous y arrêter plus longtemps.

§ 3. — **Description de l'ensemble des terrains et des gisements métallifères.**

A. — CARACTÈRES GÉNÉRAUX

Géologie. — Le territoire concédé s'étend principalement sur la partie supérieure de la période secondaire du *terrain crétacé.* Il présente une succession de couches assez régulières de schistes argileux, de marnes, de grès passant aux quartzites, et de calcaires plus ou moins décomposés par les phénomènes métamorphiques.

Ces couches sont généralement relevées en dressants. Leur stratification est assez nette. — Elles inclinent vers le Nord, et se dirigent le plus souvent au N.-N.-E.

Un îlot de *serpentine,* qui nous semble en rapport avec l'apparition des gîtes métallifères, se montre sur la rive droite de l'Oued El Hassein, non loin du chemin qui conduit des maisons des Beni-Aquil aux exploitations de cuivre, et représente les roches d'origine ignée.

Une petite bande de terrain tertiaire moyen s'observe au sud du Kef Bou-Smahan, et le lit de l'Oued Dhamous renferme les *terrains d'alluvion.*

Mines métalliques. — C'est dans *le terrain crétacé* qu'on a trouvé jusqu'ici les mines métalliques des Beni-Aquil.

Les roches qui les contiennent présentent des caractères non équivoques de métamorphisme, attestant l'intensité très-prononcée des phénomènes qui ont accompagné, et ont été la conséquence de la formation des gîtes, et permettant ainsi d'en induire leur importance aux points de vue géologique et industriel.

En effet, les relations entre les gîtes métallifères et les roches encaissantes, décomposées à leur contact, sont évidentes.

Ces deux phénomènes sont la double manifestation d'une même cause, dont l'action énergique s'est fait sentir, sur une grande étendue de pays, tout en présentant des caractères communs, dont la similitude fait prévoir une seule et même origine.

Nos observations nous portent donc à conclure que tous les gîtes minéraux importants de la concession des Beni-Aquil résultent d'une même révolution géologique, et appartiennent à une même formation.

Ce point est des plus importants, et l'on pourra en apprécier toute la valeur, toutes les conséquences, quand on rapprochera de cette unité de formation les observations faites sur l'étendue et la puissance des gîtes métallifères explorés, et sur les affleurements nombreux que l'on connaît dans les parties de la concession, inexplorées jusqu'à ce jour par des travaux de mine.

En effet, indépendamment des gites ferrifères et cuprifères, dont la puissance et la richesse ont été reconnues par les travaux de mines anciens et modernes, la concession des Beni-Aquil offre des ressources de premier ordre aux investigations futures dans les parties vierges de la concession, — et ces ressources n'existent pas seulement à l'état d'utopies ou de simples espérances théoriques, mais elles se manifestent d'une manière certaine par les jalons que fournissent des affleurements nombreux d'une importance incontestable.

Ajoutons que cette corrélation des gîtes métallifères des Beni-Aquil entre eux se reproduit encore quand on les compare aux autres filons des monts Atlas, qui sont tous presque *identiques* d'allure et de composition. Tous ces gisements paraissent avoir été formés à la même époque et postérieurement à la période tertiaire, car on les voit recouper des couches appartenant à cette période, en divers points, notamment à Soumah.

Ce qui les distingue les uns des autres, c'est leur continuité sur un parcours plus ou moins étendu, leur puissance, leur régularité d'allures, la richesse des minerais de remplissage, en un mot, tout ce qui constitue leur valeur industrielle ; et, sous ce rapport, la concesion des Beni-Aquil figure au premier rang, comme on va le voir.

La concession des Beni-Aquil renferme des gîtes minéraux divers et multipliés, qui peuvent être classés en deux catégories distinctes, par rapport à leur disposition et à leur composition.

En effet, les soulèvements énergiques produits par les phénomènes plutoniens, qui ont donné naissance aux gîtes métallifères, ont crevassé les couches des terrains supérieurs en deux sens principaux : 1° du Nord au

Sud, c'est-à-dire à travers bancs, et à peu près perpendiculairement à la direction des diverses couches des roches préexistantes; 2° de l'Est à l'Ouest, suivant la direction de ces couches, dans leurs fissures, dans leurs joints et dans les vides des plans de contact des roches de nature différente.

Ces crevasses, remplies par les matières minérales, constituent les gîtes métallifères, dont la masse minérale diffère suivant la nature des roches encaissantes. Elle est plutôt cuivreuse, carbonatée et sulfurée dans les affleurements des filons situés dans les schistes et les autres roches siliceuses, argileuses et marneuses. Elle est spécialement ferrugineuse et oxydée au contact des calcaires.

Nous distinguerons donc les gîtes métallifères des Beni-Aquil en gîtes cuprifères et gîtes ferrifères, et nous les classerons en deux catégories :

Caractères généraux des filons.— 1° Les gîtes de la première catégorie, qui comprennent une série de filons *cuprifères et argentifères* à gangues de fer carbonaté et de baryte, à peu près parallèles et de direction Nord-Sud généralement, constituent au moins trois groupes, séparés les uns des autres dans le sens transversal par plusieurs centaines de mètres de terrains à peu près stériles, et peuvent être considérés tantôt comme filons cuprifères à gangue de fer carbonaté, tantôt comme filons de fer carbonaté renfermant accidentellement des minerais de cuivre, selon le plus ou moins de prédominance de la proportion de cuivre dans la masse minérale.

(C'est sur les deux premiers groupes du côté de l'Ouest, qu'ont été dirigés les travaux d'explorations pour cuivre exécutés de 1857 à 1862, dans les filons d'Imoula, Tabridia et Ben Ramdam). (1).

Tous ces filons que nous allons décrire plus loin d'une manière plus détaillée, en parlant des travaux qui les ont explorés sur un développement total de 3,012 mètres, présentent en outre des ramifications et des affleurements que l'on peut suivre sur une longueur de 8,000 à 10,000 mètres dans la concession.

Leur puissance est très-variable. Tantôt ils se subdivisent en veines multiples de faible épaisseur et constituent des groupes de plusieurs petits filons parallèles de $0^m,15$ à $0^m,20$ c. d'épaisseur, plus ou moins rapprochés les uns des autres ; tantôt ils se réunissent, se soudent et s'élargissent en gonflements considérables.

Caractères généraux des gangues. — Le sulfate de baryte et le carbonate de fer, qui constituent principalement la masse minérale de remplissage de ces filons, sont nettement séparés dans les gîtes et peuvent être facilement extraits et triés.

Le fer carbonaté est généralement pur et blanc dans les parties profondes de la mine. Il se décompose, jaunit et s'oxyde en se rapprochant de la surface. Parfois, la décomposition l'a changé en oxyde noirâtre cristallin, ou bréchiforme très-poreux.

Contrairement à ce qui a été observé en d'autres lieux, des échantillons de ces carbonates convertis en oxyde, prélevés dans les gîtes des Beni-Aquil et analysés au laboratoire de l'École des mines, ont été trouvés contenir

---

(1) La galène s'est aussi rencontrée dans les gîtes; on l'a trouvée avec le cuivre gris dans l'Oued El Hassein, et avec du cinabre dans le gîte dolomitique de Djebel bou Chenfa, mais en quantité insignifiante.

une quantité assez notable de manganèse à l'état d'oxyde rouge (teneur 0,66 jusqu'à 6,06 %), ce qui est de nature à les rendre plus propres que d'autres à la fabrication de l'acier.

Caractères généraux des minerais de cuivre. — Les minerais de cuivre sont généralement des cuivres gris plus ou moins argentifères ou des cuivres pyriteux disséminés dans la masse du filon en proportions très-irrégulières. On les trouve parfois bien cristallisés, mais le plus souvent, cependant, ils sont à peu près amorphes.

Leur couleur passe du gris d'acier à reflet métallique, au gris noirâtre et terne du graphite dans les parties centrales du gîte ; en se rapprochant des épontes et de la superficie, ils présentent des colorations bleuâtres ou jaunâtres dues à leur altération.

On trouve aussi, dans la masse minérale des filons, des débris de calcaire cristallins bleuâtre, si fortement imprégnés de cuivre gris, que l'essai chimique y a constaté une teneur en cuivre de 17 à 18 %.

Dans l'un des filons de l'Oued El Hassein, on a rencontré la pyrite de fer mélangée au cuivre gris, ou plutôt stratifiée avec des veines cuprifères.

Généralement le minerai de cuivre des Beni-Aquil est friable, et des résidus de cassage et de triage des anciens minerais extraits nous ont paru plus riches que certaines catégories de minerais triés, préparés pour la fonte des mattes.

Nous reviendrons, du reste, sur les mines de cuivre en décrivant les travaux qui y ont été exécutés pour les reconnaître et les mettre en exploitation.

Caractères généraux. — 2° Les gîtes de la deuxième catégorie, composés de plusieurs *mines de fer* manganèsifère (oligistes et hématites) affectent l'allure de filons couchés, ou d'amas, dont la direction se rapproche de celle des couches des terrains encaissants, et dont la puissance ou l'agglomération atteint parfois des dimensions considérables. — Ces gîtes ont principalement la direction E.-O., et sont situés tantôt dans le plan de contact de deux étages de terrains contigus, tantôt dans des replis et des fractures de calcaire, dont ils ont modifié la texture intime et la composition, en y introduisant une grande quantité de fer, qui a transformé les gangues et les roches encaissantes en véritable minerai de fer.

Mais en définitive, qu'on les nomme amas, amas couchés, filons, ou filons couchés, suivant leur volume et leur disposition particulière et locale par rapport aux roches encaissantes, ils n'en sont pas moins en relations directes de formation avec les filons N.-S. et présentent des massifs imposants dont le dépilage assure une exploitation abondante, facile, durable et fructueuse.

Ainsi que nous l'avons dit (page 13), la nature calcareuse des roches encaissantes a modifié la texture et la composition des minerais de remplissage de ces gîtes. — On n'y rencontre pas les pyrites de fer ni les minerais de cuivre, du moins en quantités appréciables.

Ces gîtes de *fer manganèsifères* ont été exploités anciennement *par les Romains* (suivant le dicton du pays), qui ont pratiqué de nombreuses fouilles dans les amas considérables formés par les épanchements des filons aux lieux de leurs croisements, notamment sur le parcours (distance de 2,500 mètres) du Kef Bou Smahan à Sidi Moussa. — On constate, en outre, une succession assez suivie d'autres affleurements de Sidi Moussa à l'Oued Essera (2,400 mètres) dans le prolongement vers l'Est du gîte précédent, de l'Esseraouin à Sibel Hadj, et vers Bouzenazzen sur 1,600 mètres, à travers les schistes du Nord ; — soit en divers sens un développement total de 6,500 mètres de terrains ferrifères, sillonnés de gîtes en relations.

B. — DESCRIPTION DÉTAILLÉE DES GITES. — CARACTÈRES PRINCIPAUX RECONNUS PAR LES TRAVAUX QUI Y ONT ÉTÉ EXÉCUTÉS, OU PAR L'EXPLORATION GÉOLOGIQUE QUI EN A ÉTÉ FAITE.

1° Mines de cuivre argentifères. — Lorsqu'en 1857 les personnes qui devinrent ensuite concessionnaires firent une demande en permis de recherche des gisements de cuivre et autres métaux des Beni-Aquil, elles avaient pour but principal d'explorer les filons de cuivre argentifères qui se trouvent à 7 ou 8 kilomètres de la mer.

Au mois d'octobre 1857, elles constituèrent une Société au capital de 300,000 francs pour la continuation des recherches et l'exploitation de ces mines.

Des travaux considérables furent exécutés convenablement, et démontrèrent l'existence de plusieurs filons importants de cuivre gris argentifères. On ne peut leur reprocher que d'être trop nombreux et trop développés. Cette exagération, produite par l'ardeur qui régna dans les débuts après constatation de la richesse de certaines parties des filons, porta les exploitants à trop multiplier sans utilité les recoupes des gîtes, en les pratiquant à des niveaux trop rapprochés, à éparpiller leurs recherches et leurs ressources, et à immobiliser en constructions d'usines, de fonderie, de bureaux, d'habitations, chapelle, etc., une portion trop importante des capitaux réunis.

Tout cela est resté dans de bonnes conditions et peut

être utilisé, mais il eût été préférable, à notre avis, de marcher plus modérément, d'attaquer à la fois moins de points divers, et de concentrer d'abord ses premiers efforts à l'aménagement du filon principal au niveau du ravin. Au lieu de cela, on perdit du temps à le détailler dans ses affleurements, ce qui eut malheureusement pour conséquence d'absorber rapidement les capitaux disponibles, sans mettre en lumière la véritable valeur de la mine.

Après que les 300,000 francs eurent été dépensés, les intéressés se refusèrent à fournir d'autres capitaux, et tout fut abandonné jusqu'au moment où la création des voies ferrées et les progrès de la métallurgie changèrent radicalement les conditions économiques de l'exploitation des mines algériennes et appelèrent l'attention sur l'importance des mines de fer manganésifère, recherchées pour la fabrication des fontes Bessemer.

La découverte et l'exploration des mines de fer devinrent *l'objectif* principal; l'étude des filons cuprifères ne s'y rattacha plus qu'accessoirement; mais elle n'est pas inutile, car elle a fait connaître la formation générale métallifère, et l'ensemble des travaux de recherches antérieures est jugé de nature à faire augurer favorablement de la reprise des travaux d'exploitation pour le cuivre.

Dans une notice sur les gîtes minéraux de l'Algérie publiée en 1869 (Paris. — Dunod, éditeur), M. Ville, ingénieur en chef des mines à Alger, s'exprime comme suit en parlant des mines des Beni-Aquil (folio 22) :

« Des recherches très-étendues, et qui ont absorbé
» environ 300,000 francs, ont démontré l'existence de
» plusieurs gîtes importants de cuivre gris argentifères;
» mais les pertes considérables faites par le concession-

» naire et ses associés dans l'exploitation *d'autres mines* » ont empêché, jusqu'à ce jour, de réunir les capitaux » nécessaires pour l'exploitation des Beni-Aquil. Celle-ci » est susceptible de prendre un *grand développement*, à » cause de la puissance et de la multiplicité de ses filons » cuprifères et de leur richesse en argent.

» L'épaisseur des filons s'élève parfois à 3 mètres; » elle est de 1 mètre environ pour le filon principal de » Tabridia. Le minerai qui domine est le cuivre gris; » il est associé à de la pyrite de cuivre et de la pyrite » de fer, dans l'un des filons de l'Oued el Hassein. La » gangue principale est du carbonate de fer plus ou » moins décomposé. Le sulfate de baryte l'accompagne » d'ordinaire, et parfois on y trouve du quartz cristallisé.

» La teneur moyenne en argent des cuivres gris, riches » en cuivre et contenant 20 à 35 °/₀ de cuivre mé- » tallique, est de 6 k. 44 d'argent par 1,000 kilogram- » mes de cuivre.

» La teneur moyenne en argent des cuivres gris, » pauvres en cuivre, et contenant 2 à 8 °/₀ de cuivre » métallique, est de 8 k. 10 d'argent par 1,000 kilo- » grammes de cuivre. Elle est supérieure à celle des » minerais riches, ce qui permet de supposer que les » gangues elles-mêmes sont très-argentifères.

» Le rapport moyen de la valeur de l'argent à celle » du cuivre contenu dans les minerais riches en cuivre » est comme 1 : 4,85, c'est-à-dire un cinquième environ » pour les minerais vendus à Swansea, en Angleterre. » Ainsi l'argent ajoute une valeur marchande très-no- » table à celle des minerais de cuivre des Beni-Aquil...

. . . .

» Il y a, dans l'étendue de la concession des Beni- » Aquil, des gîtes de peroxyde de fer anhydre (hématite

» rouge), qui ont été autrefois l'objet d'une exploitation » considérable, et qui présentent encore des ressources » importantes. » (Folio 23 du livre.)

Cette appréciation favorable des travaux d'exploration et des richesses de la concession des Beni-Aquil, émanant de l'ingénieur en chef des mines ayant, dans ses attributions, la surveillance de l'exploitation dont il a suivi toutes les phases et dont il a contrôlé tous les résultats, est un fait très-important.

Nous nous sommes rendu compte de tous les détails de l'exploration et de l'exploitation des filons cuprifères, par la comptabilité tenue très soigneusement par feu M. Pirault, et par l'étude des rapports de MM. Meissonnier, Marigny, Thévenet, et des plans, coupes et projections des travaux de mines exécutés dans les filons. Nous avons constaté l'exactitude des chiffres rapportés par M. l'ingénieur en chef Ville, et nous avons parcouru la majeure partie des recoupes et des galeries d'allongements pratiquées dans les filons, et restées accessibles jusqu'à ce jour.

Quelques travaux de mines sont interceptés par des éboulements *de peu d'importance*, qui suffisent cependant pour rendre notre visite incomplète. Mais, tout ce que nous avons pu voir a démontré l'exactitude entière des plans et des rapports que nous avons eu sous les yeux, et nous porte à conclure qu'il doit en être de même pour les points dérobés à nos investigations par des causes de force majeure.

Nous rendrons compte de notre exploration et de l'étude des filons N.-S. cuprifères, au fur et à mesure que nous les rencontrerons en traversant le champ concédé de l'Ouest à l'Est, et marchant du sommet à la base du triangle qui le représente.

En suivant cet ordre d'examen, nous subdiviserons les filons cuprifères en trois zones principales :

— La première comprenant le filon d'Imoula et Tabridia ;

— La deuxième comprenant les divers filons de l'Oued el Hassein et principalement le grand filon dit Ben Ramdam, qui s'étend du Kef Smah à Bou Smahan ;

— La troisième comprenant les gîtes de l'Oued Brouh et de l'Oued Chenfa, dont les prolongements vers le Sud passent à proximité du grand gîte des Cavernes, et pourraient bien s'y relier par des fractures plus profondes que le pied des Cavernes.

Il y a bien encore d'autres gîtes compris en dehors de ces trois zones, dans le périmètre concédé, mais comme ils sont beaucoup moins importants et moins bien connus, nous ne croyons pas utile de nous y arrêter.

Première zone. — *Filon d'Imoula et de Tabridia.* — Les exploitants de 1857-61 ayant particulièrement porté leurs efforts sur le filon d'Imoula et de Tabridia (le plus occidental), c'est de lui que nous nous occuperons d'abord, et d'autant plus volontiers qu'il est en état de donner lieu à *une exploitation immédiate*, après quelques réparations de peu d'importance aux galeries préparatoires.

Ce filon, de direction N. 28° E. et inclinant à l'Est d'environ 60° du plan horizontal, présente une puissance de 1 mètre.

Il a été exploré sur un développement de plus de 1,100 mètres, par des puits et galeries qui le découpent sur une hauteur de 228 mètres, en sept étages superposés, à l'aide de huit galeries de niveau, ouvertes sur les deux versants de la montagne dite Djebel Imoula (1).

Comme dans la généralité des gîtes de cette nature, le minerai de cuivre n'est pas distribué uniformément dans la masse superficielle du filon ; mais il paraît y être concentré par places, de manière à constituer une série de lentilles irrégulières, dont quelques-unes ont été reconnues par les travaux exécutés, et en partie exploitées par des gradins à concurrence de 1,710 mètres cubes. Ce dépilage a produit 6,198 quintaux de minerais contenant 17,626 kilogrammes de cuivre et 132 k. 340 g. d'argent. Le mètre carré de filon exploité a donc rendu en moyenne 10 k. 300 g. de cuivre et 77 grammes d'argent. C'est faible, mais il faut considérer : 1° que l'on a travaillé dans la tête (affleurement) du filon, qui est souvent moins riche que le pied ; 2° que le triage a été si mal fait qu'on a laissé sur place, comme déchets, toutes les poussières riches du cassage, principalement composées de cuivre gris très-friable.

---

(1) Ce filon principal a éprouvé plusieurs rejets et est accompagné de quelques veines secondaires.

Les travaux de Tabridia débouchent sur le versant Nord par sept galeries à travers bancs, aux niveaux suivants, à partir du sommet de la montagne.

1er	niveau de Tabridia	à	66m11
2e	—	—	95 77
3e	—	—	125 45
4e	—	—	151 70
5e	—	—	178 15
6e	—	—	203 15
7e	—	—	228 15

L'exploration par Imoula est faite aux trois niveaux ci-après :

1er	—	—	37m17
2e	—	—	71 11
3e	—	—	124 45

La superficie exploitable du filon composée des lentilles métallifères reconnues et restées intactes jusqu'aujourd'hui, est d'environ 30,000 mètres carrés. — En supposant à la partie à exploiter la même richesse que par le passé, le mètre carré de filon rendra 257 kilos de minerai trié, contenant 4 kilos de cuivre et 30 grammes d'argent par 100 kilos de minerai.

Les devis qui ont été établis avec soin par M. l'ingénieur Thévenet, pour apprécier les travaux à exécuter et les dépenses à faire pour réaliser cette exploitation, estiment qu'il faudrait y consacrer quatre années, à percer 1,475 mètres de galeries d'allongement, 572 mètres de puits et 29,498 mètres de gradins, le tout dans des roches de faible résistance ;

Que le produit total des 1,425 tonnes de mattes obtenues par le traitement métallurgique des minerais extraits, serait, à raison de 634 fr. 23 c. par tonne, de ....Fr. 903.777 »

Et que les dépenses de production s'élèveraient à .... 727.101 »

Ce qui laisserait un bénéfice de......Fr. 176.676 »

qu'il conviendrait de réduire à 100,000 francs, en défalquant certains frais de premier établissement, d'intérêts et d'imprévu.

L'exploitation des tranches supérieures du filon d'Imoula Tabridia se présenterait donc d'une manière peu engageante, si l'on devait se borner là. Mais il ne faut pas oublier que l'on n'a compté que sur une période de quatre années, que l'on a chargée d'un excès de frais de premier établissement, qui seraient maintenant répartis sur l'exploitation des mines de fer, et qu'il ne s'agit que de l'enlèvement des tranches *supérieures*. Or, il ne faut pas perdre de vue ce qui a été dit relativement à un enrichissement possible et même probable du filon ; et rien ne prouve qu'à la fin de cette première période peu rémunératrice, on n'aura pas à entamer un nouveau champ d'exploitation plus riche que le précédent, préparé par des travaux d'aménagement exécutés à des niveaux inférieurs, — car si les têtes des filons se montrent parfois disséminées en veinules dans les terrains superficiels, d'une consistance moins compacte et par conséquent d'une pénétration plus facile, on remarque cependant des affleurements puissants au fond des ravins creusés postérieurement à la formation métallifère, et cette observation nous paraît militer en faveur d'une reprise des travaux et d'une exploration plus approfondie.

Telle est également l'opinion que M. l'ingénieur en chef Ville a émise dans la publication que nous avons citée plus haut et dans la conclusion de son rapport sur les mines de cuivre des Beni-Aquil, auquel nous pouvons renvoyer le lecteur s'il désire y lire une description complète et détaillée de tous les travaux de mine, et des découvertes qu'ils ont fait faire.

Deuxième zone. — En descendant le cours de l'Oued el Hassein, on rencontre à 700 mètres environ des travaux de Tabridia, après avoir franchi un massif de serpentine, la succession des affleurements des filons que nous classons dans la deuxième zone, et que M. l'ingénieur des mines Vatonne a décrits dans son rapport du 15 mars 1860.

Ce groupe comprend cinq veines métallifères à peu près parallèles dirigées de N 10° O à N 38° O, et explorées par des fouilles et des galeries de niveau pour les veines n°s 1, 3,

4 et 5, et par des travaux plus importants exécutés à quatre niveaux différents dans la veine n° 2.

Ces gîtes ne présentent pas, dans les parties connues jusqu'ici du moins, la puissance et la richesse du filon Tabridia, mais ils ne sont pas suffisamment explorés. — On y rencontre avec les cuivres gris, une notable quantité de pyrites de cuivre et des pyrites de fer. Les gangues qui accompagnent les minerais sont principalement le carbonate de fer hydroxydé et le sulfate de baryte. — Une galerie ouverte sur la rive droite a fourni du cuivre gris en cristaux, dont la grosseur a permis de déterminer rigoureusement les formes cristallines.

M. Ville résume son opinion sur ces gîtes en disant que les travaux exécutés sont insuffisants pour juger les filons d'une manière définitive. Selon lui, « des galeries » peu étendues, conduites suivant la direction à peu de » distance des affleurements, ne permettent pas de con- » damner un ensemble remarquable de filons, qui ont » toujours donné des indices de minerai. Il conseille » l'exécution d'un travers-bancs coupant tous les gîtes, » et fait remarquer que si le filon de Tabridia ou d'Imoula » n'avait pas été abordé avec plus d'audace que les filons » de l'Oued el Hassein, on ne connaîtrait rien sur ce » gîte et sur sa continuité. »

Un seul des filons affleurant dans la vallée de l'Oued el Hassein et passant à proximité du Kef Smah, extrémité orientale de la crête de Tabridia, peut être suivi à la surface dans son développement vers le sud à une grande distance (plus de 3,000 mètres) traversant l'Oued Seboa, l'Oued Bahri, et se prolongeant jusqu'au Kef Bou Smahan, avec une puissance assez régulière de 3 mètres en moyenne.

On le désigne sous le nom de Ben Ramdam, sa direction

et son inclinaison ne sont pas constantes. Au point du Kef Smah, il sort des quartzites crétacés, se dirige N 8° E m. et plonge de 80° au Nord à 82° 0 m. A Bou Smahan, sa direction est N 29° E m., et son inclinaison au N 61° 0 m.

Il se compose en général d'une bande centrale de minerai de fer (hydroxydé près de la surface, et carbonaté en profondeur), interposée entre deux murs extérieurs de sulfate de baryte.

Le cuivre gris y forme une série de nodules en chapelets de 5 à 6 centimètres d'épaisseur, interposés entre le noyau central de fer et chaque salbande de baryte.

A son extrémité sud, le filon Ben Ramdam atteint le Djebel Bou Smahan et plonge presque verticalement à travers les marnes crétacées. (Le cuivre gris s'y montre peu, la masse est du carbonate de fer avec gangue de baryte, comme au Kef Smah.)

Il s'y bifurque et jette, vers le Sud-Est, une branche aussi forte que la veine mère, qui se subdivise ensuite à son tour en atteignant les schistes, en divers rameaux formant ensemble une bande de 10 mètres de largeur.

A l'affleurement, le minerai de fer carbonaté est décomposé et constitue de l'oxyde anhydre à texture cristalline que nous avons porté au laboratoire et qui a rendu à l'analyse :

84 °/₀ de peroxyde de fer ;

6 °/₀ d'oxyde rouge de manganèse, et des traces de chaux et magnésie.

Troisième Zone.— A plusieurs centaines de mètres en aval de ce point et vers l'Est, on rencontre les affleurements d'un autre groupe de filons, qui a les plus grands rapports avec ceux des zones précédentes. La direction générale N.-S. est la même ; la gangue identique, quoique la baryte y soit peut-être un peu plus abondante, de même que la proportion des pyrites de cuivre, mélangées aux cuivres gris.

Les cinq petits filons parallèles du sommet de la montagne semblent se réunir dans la vallée, car ils font place à un filon de 2 à 3 mètres de puissance qui traverse successivement l'Oued Targilet, l'Oued Bou Chenfa, l'Oued Bord et poursuit son développement vers le Nord en recoupant l'Oued Brouh et aboutissant au village des Beni-Aquil.

Une branche de ce filon, s'écartant du tronc principal et se dirigeant vers l'Est, où un filon croiseur servant de trait d'union relie ces gîtes de la 3e zone à la mine de fer des Cavernes, et ensuite aux autres gîtes ferrugineux de la 2e catégorie.

Les filons qui s'observent au village des Beni-Aquil, au nord de l'Oued el Hassein et de l'Oued Brouh, présentent des remplissages ferrugineux avec baryte sulfatée, mais dépourvus de minerais de cuivre dans les affleurements.

En dehors de ces trois zones que nous venons d'examiner nous citerons, d'après M. Ville, et pour mémoire seulement, afin d'être plus complet :

1° Les filons du *Cheikh*, ainsi nommés à cause de leur voisinage des gourbis du chef arabe du pays, dont le plus important ayant une puissance de $0^m,50$ environ est dirigé N 20° E, et plonge de 45° au S 70° E m. Aucune recherche n'y a été faite malgré la puissance, la régularité du filon, et les colorations nombreuses qui trahissent l'existence de minerais de cuivre;

2° Les filons d'Àin el Hout situés au sud du sentier allant de l'établissement des mines à l'Oued Dhamous, entre le chemin dit de Cherchell et l'Oued Dhamous.

Leur épaisseur varie de 0^m,10 c. à 0^m,30. Les affleurements se poursuivent sur une longueur de 100 mètres en présentant de rares mouches de cuivre gris.

Nous résumerons, dans le tableau suivant, les allures des nombreux filons cuprifères des Beni-Aquil, d'après les relevés de l'administration des mines. (Extrait du rapport de M. Ville.)

DÉSIGNATION DES FILONS	DIRECTION	SENS du PROLONGEMENT	ANGLE de PENTE
Filon principal de Tabridia et d'Imoula.			
Allures générales.	N. 13° O. m.	E. 13° N. m.	60°
Veine secondaire de Tabridia .	N. S. m.	E. m.	58°
Filon de Bled Boufrem	N. 75° E. m.	N. 15° O. m.	80°
Groupes de filons de l'Oued el Hassein.			
Filon n° 1.	N. 18° O. m.	E. 18° N. m.	77°
Filon n° 2.	N. 5° E. m.	E. 5° N. m.	60°
Filon n° 3.	N. 8° 30'. E. m.	E. 8° 30' S. m.	71°
Groupe du Kef Smah.			
Filon n° 1.	N. 6° O. m.	E. 6° N. m.	80°
Filon n° 2.	N. 8° E. m.	E. 8° S. m.	80°
Filon de Bled Bourieu. . .	N. 29° E. m.	E. 29° S. m.	85°
Filon du Cheikh	N. 20° E. m.	E. 20 S. m.	45°

TRAVAUX D'EXPLORATION ET D'EXPLOITATION DES MINES DE CUIVRE.

La description, peut-être trop étendue, qu'on vient de lire montre que les filons cuprifères des Beni-Aquil sont très-nombreux, très-développés, et présentent un champ aussi vaste qu'intéressant aux explorations futures.

Celle que l'on a faite de 1857 à 1862 comprenait :

1.142 mètres cubes de tranchées ;
1.120 mètres courants de galeries en direction dans les filons ;
957 — galeries à travers bancs ;
295 — descenderies dans les filons ;
640 — de gradins d'abattage.

Des constructions importantes ont été établies pour organiser les divers services d'exploitation, extraction, transports, fusion des minerais, ainsi que pour installer les bureaux et les logements destinés à abriter le personnel et le matériel de l'entreprise. (*Voir planche IV.*)

Quelques routes muletières ont été ouvertes pour établir des moyens convenables de communication entre les divers siéges de travaux et les relier au port d'embarquement, situé dans la baie des Beni-Haouas, qui se trouve suffisamment abritée pour les navires d'un petit tonnage.

Au 31 octobre 1859, les dépenses de toute nature, faites par les explorateurs, atteignaient la somme de 204,209 fr. 80 c.; le 11 mai 1861, elles s'élevaient à 300,000 francs, par suite de la construction de l'usine à mattes, établie sur le plateau où se trouvent les bâtiments de la direction.

Dans ce total, la dépense spéciale aux travaux de recherche proprement dits s'élevait, le 31 octobre 1859, à

110,000 francs, et la valeur marchande de tous les minerais fournis par ces *travaux de recherche* était évaluée à 125,000 francs.

Avenir des mines de cuivre des Beni-Aquil. — M. Ville conclut des faits que nous venons de rapporter :

« Qu'il est, dès lors, permis de supposer que des travaux d'exploitation bien ordonnés fourniraient de grandes quantités de minerais, dont le prix de revient laisserait des bénéfices aux exploitants, et qu'il est regrettable que le concessionnaire des Beni-Aquil ait vu manquer ses ressources au moment où tout paraissait disposé pour tirer de sa concession un parti industriel des plus avantageux. »

Et si l'on considère que la majeure partie des frais d'exploration porte sur des recherches superficielles et sur une grande étendue de travaux d'approche et de recoupe, stériles de leur nature, on ne peut que se rallier aux prévisions favorables de M. l'ingénieur en chef des mines sur l'avenir des mines de cuivre des Beni-Aquil.

Composition des minerais de cuivre gris des Beni-Aquil.— Le cuivre gris cristallisé des Beni-Aquil a été analysé par M. l'ingénieur Vatonne ;

Il présente la composition suivante :

Antimoine.............	0.2400
Arsenic...............	0.0253
Soufre................	0.2459
Cuivre................	0.3918
Fer...................	0.0481
Zinc..................	0.0200
Argent................	0.00175
Quartz................	0.0300
	1.00285

De nombreux essais pour cuivre et argent ont été faits au laboratoire d'Alger par M. Vatonne.

En voici le résultat :

1° Minerais riches en cuivre de la concession des Beni-Aquil.

PROVENANCE	TENEURS EN CUIVRE PAR TONNE de minerai	TENEURS EN ARGENT PAR TONNE de minerai	TENEURS EN ARGENT PAR 1,000 KILOS de cuivre contenu
Tabridia. — 1er niveau....	343k140	3k062	8k923
Id. — 4e et 5e id. ...	177.954	1.175	6.603
Id. — 2e et 3e id. ...	195.924	1.500	7.656
Imoula. — 2e niveau......	309.624	1.675	5.410
Id. id.	329.574	2.825	8.571
Id. id.	325.500	2.395	7.185
Ben Ramdam, tranchée	169.974	1.075	6.325
Id. 1er niveau.....	256.178	1.225	4.780
Bou Smahan	208.278	1.175	5.640
Oued Hamla	249.774	0.825	3.303

2° Minerais pauvres en cuivre de la concession des Beni-Aquil.

PROVENANCE	TENEURS EN CUIVRE PAR TONNE de minerai	TENEURS EN ARGENT PAR TONNE de minerai	TENEURS EN ARGENT PAR 1,000 KILOS de cuivre contenu
Oued el Hassein, 2 *bis*, rive gauche.	45k500	0k410	9k011
Id. id. rive droite.	21.150	0.305	14.421
Tabridia. — 1er niveau	43.200	0.270	6.250
Id. — 3e id.	35.000	0.2875	8.214
Imoula. — 2e niveau.......	35.000	0.150	4.286
Oued Bouderour.........	81.150	0.523	6.417

Il résulte, des tableaux ci-dessus, que les teneurs en argent varient d'un gîte à l'autre, et même d'un point à un autre du même filon.

La teneur moyenne est de 6 k. 44 dans les minerais riches en cuivre, et de 8 k. 100 dans les minerais pauvres en cuivre, ce qui montre que les gangues elles-mêmes sont argentifères.

Comparons maintenant, sous le rapport des teneurs en cuivre et en argent, les minerais de cuivre argentifères des Beni-Aquil aux autres minerais analogues d'Algérie.

Tableau comparatif de la richesse en cuivre de divers minerais d'Algérie.

			TENEUR EN CUIVRE pour 100 K. DE MINERAIS
PROVINCE D'ALGER,	minerai de	Temoulga	30 à 35
	Id.	Oued Allelah. . . .	4 à 25
	Id.	Mouzaïa	20 à 42
	Id.	Soumah..	28 à 29
	Id.	Oued Taffilès. . . .	20 à 21
	Id.	Gourayas.	10 à 12
	Id.	Oued Kébir.	19 à 20
	Id.	Si Ahmet, près Blidah	30 à 32
	Id.	Ben Aquil..	20 à 39.18
PROVINCE D'ORAN,	Id.	Guessaba.. . . . . . (abandonnée depuis 1872).	30 à 34
	Id.	Djebel Touilah. . .	15 à 31
PR. DE CONSTANTINE,	Id.	Aïn Barbar.	8 à 9
	Id.	Bled el Hammam. . (non concédé).	6 à 7

Tableau comparatif de la richesse en argent des cuivres gris et pyriteux de la province d'Alger.

MINERAIS DE CUIVRE GRIS	TENEUR EN ARGENT POUR 1,000 K. DE CUIVRE.
Minerai des Beni-Aquil.	7^k.27 à 14.42
Id. de Mouzaïa	2.40
Id. des Gourayas.	7.21
Id. de Soumah.	2.50
Id. de Bou Chitan.	7.30
Id. de l'Oued Allelah	
Id. de Sidi Bou Aïssi.	8.00
MINERAIS DE CUIVRE PYRITEUX	
Minerai de l'Oued Allelah..	0^{k}516
Id. de l'Oued Taflilès.	0.175
Id. de l'Oued Merdja	0.279 à 0.312
Id. de l'Oued Kébir.	0.100
Id. de Hamman Rhira.	0.407
Id. de Sidi Ahmed, près Blidah	0.303
Id. de l'Oued Bouckandack.	0.603

Il résulte de l'examen qui précède que, sous le rapport de la richesse en cuivre et en argent, les minerais des Beni-Aquil sont au premier rang des minerais algériens.

Et l'observation de M. l'ingénieur en chef Ville, reconnaissant un dosage en argent plus élevé dans les minerais et dans les gangues des parties de filons pauvres en cuivre, rendrait très-intéressantes des recherches spéciales ayant pour objet l'étude de la valeur argentifère de ces gangues.

GITES DE LA DEUXIÈME CATÉGORIE.

Mines de fer. — La partie Sud-Est de la vaste concession des Beni-Aquil renferme plusieurs gîtes importants de minerais de fer que nous allons décrire succinctement.

1° Au sommet du plateau élevé qui sépare les vallées de l'Oued Targilet et de l'Oued Essera, on remarque un véritable réseau de petits filons de fer oxydé anhydre qui s'entre-croisent dans tous les sens, et forment une bande d'environ 40 mètres de largeur côtoyant la crête de la montagne, et que l'on peut suivre sur plus de 1,000 mètres de longueur.

Cet ensemble de veines métallifères paraît former le chapeau d'un gîte unique, inférieur, de grande puissance, et susceptible d'une production abondante et fructueuse.

2° A proximité de l'Oued Dhamous, et non loin du Marabout de Sidi Loukan Boualen, on remarque plusieurs affleurements, dont l'un facilement abordable, est dirigé N.-E. et présente une puissance de 1 mètre environ.

3° En aval du confluent des Oueds Aïchnau et Boukama, et dans le ravin de l'Oued Bouchaban, on aperçoit une roche éboulée et composée de fer oligiste de toute pureté. C'est sans doute *le témoin* d'un gîte important, situé à peu de distance de ce point, mais dont la recherche est rendue très-difficile à l'explorateur par suite de l'inaccessibilité des lieux.

4° L'ensemble le plus important des filons ferrifères courant de l'Est à l'Ouest, s'étend d'un point de l'Oued Targilet compris entre les lieux dits Sibel Hadj et Sidi Moussa, jusqu'à la hauteur environ du Marabout de Sidi Loukan Boualen, non loin de l'Oued Dhamous. — Cette réunion de gîtes concordants embrasse une largeur de 5 à 600 mètres et s'étend sur 3 à 4 kilomètres de longueur.

Ces filons, sensiblement parallèles, sont au nombre de quatre, dont trois paraissent peu puissants, mais réguliers et continus.

Le principal part de la Caverne des Romains, traverse l'Oued Targilet, l'Oued Essera et se développe sur 4 kilomètres environ de longueur avec une puissance variable, qui atteint jusqu'à 2 et 3 mètres.

Les calcaires en contact avec ce filon sont ferrugineux et le gîte est essentiellement composé de *fer oligiste très-pur.*

Des échantillons provenant de ce filon ont été analysés au laboratoire de M. Rioult et ont été trouvés composés comme suit :

Analyses de M. Rioult.

	P. 0/0 de minerai brut.	
Silice	5.30	2.00
Alumine....................	1.30	1.00
Peroxyde de fer.............	82 60	82.30
Oxyde de manganèse........	4.60	3.60
Chaux.....................	0.50	3.60
Magnésie..................	0.30	0.50
Acide sulfurique	0.11	Traces
Acide phosphorique	Traces	0.03
Pertes par calcination	4.80	6.60

Nota. — Il n'est pas indifférent de faire remarquer que dans diverses exploitations algériennes, notamment aux Gourayas et à l'Oued Messelmoun, c'est-à-dire dans des régions très-voisines des Beni-Aquil, et probablement dans des conditions analogues de formation, on a reconnu que les filons minces qui affleurent parallèlement, se réunissaient souvent en profondeur pour ne constituer qu'un seul et même filon plus puissant.

5° *Gîte des cavernes Romaines.* — Au lieu dit Ifran, situé près du Marabout de Sidi Moussa, sur la rive droite de l'Oued Targilet et à peu de distance de ce ruisseau, s'étend un énorme gisement de peroxyde de fer anhydre, connu de toute antiquité sous le nom de Mine de fer des Cavernes Romaines.

Recouvrant les points de croisement des grands filons ferrifères de direction E.-O. avec les filons N.-S. de Sibel Hadj à Sidi Moussa, et de Bou Smahan à l'Oued Chenfa (troisième zone), cette masse minérale semble formée par l'épanchement de tous ces filons et constitue un gîte des plus importants.

Elle se trouve injectée, dans une formation calcaire que le métamorphisme a convertie en véritable minerai, s'y développe, s'y ramifie de diverses façons, s'y dissémine plus ou moins abondamment, mais en minéralisant toute la formation calcareuse.

Cette agglomération considérable de matières minérales, produites par des filons transversaux que l'on retrouve en place, avec tous leurs caractères filoniens, dans les cavernes les plus basses, recouvre une superficie d'environ 42,000 mètres carrés, et se poursuit *visiblement* sur une hauteur moyenne de 45 mètres, affaiblie en certains points par les vallées et les ravins des oueds et ruisseaux.

De plus, le sol actuel des cavernes est encore de 40 à 50 mètres plus élevé que le niveau de la rivière, et cet amas puissant se poursuit et se développe, dans le sens du vallon, sous l'apparence d'une couche ou d'un filon couché, faiblement incliné vers le centre de la montagne, de sorte qu'on le voit affleurer sur les rives de l'Oued Targilet à des hauteurs variables de 20 à 80 mètres au-dessus du Thalweg.

La partie de ce gîte des cavernes, qui se trouve près du Marabout de Sidi Moussa, entre l'Oued Targilet et le Kef Bou Smahan, présente de nombreux vestiges d'une exploitation fort ancienne, attribuée aux Romains.

Des excavations spacieuses et multipliées, ouvertes en plein gîte et à différents étages, se succèdent à intervalles rapprochés dans le sens de sa direction, et démontrent sa continuité et sa puissance.

La plus grande, située en amont du ravin, se compose de deux grottes reliées par un couloir de 8 mètres de long sur 4 à 5 mètres de largeur et 4 mètres de hauteur.

La première a 35 à 40 mètres de long,
15 à 18 — large,
et 7 à 8 — hauteur moyenne.

La seconde, plus petite, n'a guère que :
10 à 12 mètres de long,
15 à 16 — large,
et 7 mètres de hauteur moyenne.

Des blocs énormes, dont plusieurs ont un volume de 5 à 6 mètres cubes, empilés les uns sur les autres et détachés de la voûte, couvrent le sol de ces cavernes. Ils se composent principalement de calcaire ferrugineux et de minerai de fer, et sont recouverts d'une couche épaisse ($0^m,05$ à $0^m,15$ d'épaisseur) de guano provenant des nombreuses chauves-souris qui s'abritent sous les voûtes de ces grottes.

Entre ces blocs se trouve l'entrée d'une excavation plus profonde, pratiquée entièrement dans le minerai, et ayant une longueur de 26 à 28 mètres, une largeur moyenne de 6 mètres, et une hauteur de 5 à 6 mètres.

En quelques coins des cavernes, il reste encore des massifs intacts de minerais. Les parois du couloir du fond sont entièrement dans le peroxyde de fer anhydre, à poussière rouge de sang. La structure cristalline de ce minerai porte à croire qu'il résulte vraisemblablement de la transformation du carbonate de fer.

Les murs des Cavernes présentent encore des traces visibles des coups de pic des anciens exploitants, et à l'entrée de la caverne principale, du côté N.-m., il reste un amas intact de gîte, qui affleure sur 4 à 5 mètres d'épaisseur, et 8 à 9 mètres de longueur.

A peu de distance de ce point, et à l'extérieur de la caverne, il y avait naguère encore un dépôt assez considérable de scories de forges, noires, très-lourdes, et provenant du traitement sur place du minerai de fer, fondu sans doute, dans des petites forges catalanes, soufflées à la main.

Au front de taille le plus reculé de l'arrière-caverne supérieure, et diamétralement opposé à l'entrée, on remarque un filon d'oligiste, accompagné d'une petite veine accessoire de peroxyde de fer, qui viennent se souder au gîte principal en traversant des calcaires bréchiformes et pulvérulents, qui constituent le remplissage de la salbande ouest.

La puissance de ce filon, de 1^{m},50 au plafond, s'élargit progressivement en descendant, et atteint 4^{m},50 au niveau du sol de la caverne.

Nous avons pris en cet endroit divers échantillons de minerais et de leurs roches encaissantes, dont les analyses constatent une richesse de 82 à 85 % d'oxyde de fer.

Une exploration ultérieure fera connaître, si l'élargissement à 4^{m},50 se maintient ou continue à s'accroître en profondeur, si les deux veines se réunissent et si l'on ne retrouve pas, vers l'Ouest ou le Sud-Ouest, un prolongement important du gîte des Cavernes.

Une autre excavation est située à 5 mètres au Sud-Ouest de la précédente.

Elle a 10 mètres environ de hauteur, 20 mètres de largeur et 20 à 22 mètres de profondeur.

Dans le fond, on observe au sol de la grotte 2 mètres environ d'épaisseur de minerai, formé principalement d'hydroxyde de fer.

Les parois sont encore composées de calcaire ferrugineux. Les éboulements sont moins considérables et le sol est moins accidenté que dans la première grotte ; — aussi, cette caverne sert-elle souvent d'abri à des familles arabes et à leurs troupeaux.

A 40 mètres en aval de la précédente, se trouve une troisième grotte de 6 mètres de hauteur, 12 mètres de long et 12 mètres de large. Elle se relie à la deuxième caverne par une bande de minerai de fer hydroxydé, de 4 à 5 mètres d'épaisseur, qui a été fouillée en plusieurs points.

Enfin, autour de ces points principaux, on trouve encore de nombreux vestiges de l'exploitation romaine, qui démontrent en même temps l'importance et la continuité du gîte.

IMPORTANCE DES GISEMENTS DE FER

Détermination approximative de leur production. — Les différents gîtes de minerais de fer n'ayant pas été explorés jusqu'à ce jour par des travaux réguliers, il est matériellement impossible de déterminer d'une manière précise la puissance, la richesse et l'importance de leur production. En pareil cas, il n'y a guère qu'un moyen de procéder, c'est de se borner à ne tenir compte que de ce que l'on voit et à ne faire figurer que pour mémoire ce que les profondeurs souterraines dérobent à nos investigations.

Afin de rester dans les limites d'une sage modération et de nous tenir à l'abri des éventualités de réalisation ou de discussion que présentent de pareils calculs, nous nous bornerons donc à estimer approximativement la production que pourrait fournir le grand amas des Cavernes Romaines, laissant de côté les rendements certains et importants des filons ferrifères nombreux et puissants qui se rattachent au gîte des cavernes. Ce mode d'opérer n'est pas propre évidemment à faire valoir toutes les ressources de la concession, mais il nous paraît sage et prudent.

Nous constituerons ainsi dans ces filons laissés à l'écart une véritable réserve en nature, offrant les meilleures garanties contre toute déception, et nous nous bornerons aux calculs suivants.

Nous avons dit, page 36, que l'amas des Cavernes Romaines s'étendait sur une superficie d'environ 42,000 mètres carrés (à en juger par les distances parcourues de caverne en caverne, et d'affleurement en affleurement) et sur une hauteur moyenne de 40 à 50 mètres, soit 45 mètres, abstraction faite des vides creusés par les dépressions du sol, les vallées, les ravins et les fouilles des cavernes.

Le cube de l'amas supposé régulier et intact serait donc dans ces conditions, de 42,000^{m} $\times$ 45 = 1,890,000 mètres cubes, et en évaluant les parties à en retrancher à 390,000 mètres, il resterait *en place*, un cube de 1,500,000 mètres cubes en chiffre rond.

On peut évaluer le poids du mètre cube de gîte en place, à 3 ou 4,000 kilogrammes. Mais comme certaines parties de gîte renferment du minerai disséminé dans la gangue, on s'exposerait à des mécomptes si l'on comptait comme minerai pur et marchand, le poids total du mètre cube de la masse minérale de l'amas.

Nous croyons rester en dessous de la réalité, mais nous en approcher suffisamment pour un calcul de ce genre, en évaluant à *1,000 kilogrammes* par mètre cube le rendement utile en minerai trié et marchand de la masse du gîte.

Dès lors, au volume évalué à 1,500,000 mètres cubes, correspondrait une extraction probable de 1,500,000 tonnes de minerai de fer marchand.

Et c'est à ce chiffre que nous arrêterons pour le moment notre évaluation, bien entendu, sans faire entrer en ligne de compte la production des filons ferrifères qui s'écartent de l'amas à certaines distances, notamment celle que l'on est en droit d'attendre du filon qui se dirige vers Sibel Hadj, et des gîtes qui se poursuivent régulièrement à l'Est vers l'Oued Essera et l'Oued Dhamous jusqu'à 3 ou 4 kilomètres de l'Oued Targilet (avec une puissance exploitable allant jusqu'à 2 et 3 mètres. sur une notable portion du parcours).

Indépendamment du mode de formation et du développement de la masse métallifère qui constitue le gîte des cavernes Romaines, il est très-important de connaître la composition et la richesse en fer des minerais qu'il renferme.

Nature et richesse des minerais. — Les analyses dont le détail est indiqué ci-après, folio 51 sous les numéros 1 et 2, ont constaté dans ces minerais une richesse de 82.30 à 82.60 de peroxyde de fer, soit en moyenne

57.72 % de fer métallique, et de 3.60 à 4.60 % d'oxyde rouge de manganèse, soit 2.95 % de manganèse métallique.

Les dosages en silice, chaux et magnésie indiquent une bonne composition des gangues ; l'acide sulfurique et l'acide phosphorique n'y sont pas en quantités suffisantes pour nuire au traitement métallurgique. (0.055 % à 0.015 %.)

Ces minerais présentent donc, sous les rapports de la richesse métallique en fer et en manganèse et de la pureté de composition, les qualités que l'on recherche dans les bons minerais de fer, propres à la fabrication des aciers Bessemer.

Nous reviendrons plus loin d'ailleurs sur cette partie intéressante de cette étude en parlant de l'exploitation de ces gîtes.

Nous nous bornons en ce moment à établir succinctement que la partie *visible* du seul gîte des Cavernes Romaines offre à elle seule une richesse minérale capable de donner lieu à une vaste exploitation d'excellents minerais de fer, propres à l'usage des procédés Bessemer, Martin, Siémens, etc.

L'avenir de l'exploitation de la concession des Beni-Aquil nous paraît dès lors assuré, dans des conditions beaucoup plus favorables qu'il ne se présentait lorsqu'on n'avait en vue que l'exploitation de cuivre argentifère, sur laquelle on fesait peser tous les frais d'établissement et les frais généraux.

L'essentiel sera d'établir des moyens de transport économique, et des facilités d'embarquement de minerais à la mer, de manière à organiser une large exploitation et à se tenir dans des limites de prix de revient modérés et rémunérateurs.

§ 4. — Transports des minerais.

Nous avons vu précédemment que les gîtes métalliques sont plus multipliés, plus rapprochés, plus étendus et plus puissants, dans la partie méridionale de la concession, que dans le Nord ou l'Ouest.

L'excavation principale de la mine de fer exploitée par les Romains n'est éloignée du littoral que de 15 kilomètres à vol d'oiseau ; mais dans des pays aussi accidentés que celui-là, le chemin le plus court est souvent le moins pratique et le moins préférable. — Tel est le cas qui se présente.

Il ne faut pas songer à faire remonter à la majeure partie des minerais à exploiter des vallées abruptes telles que celle de l'Oued Targilet et la montagne élevée du village des Beni-Aquil (altitude : 516 mètres), pour leur faire descendre ensuite l'Oued Sebt, et les amener par des pentes rapides dans la jolie baie des Beni-Haouas si favorablement disposée cependant pour le stationnement et le déchargement des petits navires.

Cela peut se faire pour des minerais de cuivre argentifères, dont la quantité relativement restreinte, la richesse et la grande valeur aux 1,000 kilos permettent de recourir simplement aux mulets ; — mais le transport de 1,500,000 tonnes de minerais de fer à plus de 15 kilomètres de distance exige l'établissement d'une voie ferrée, ou l'organisation de tout autre moyen de transport économique, plus en rapport avec la faible valeur marchande des minerais et l'importance du tonnage.

Direction des transports. — Étant donné que la grande masse minérale à exploiter sera à extraire du gîte des

Cavernes Romaines et des gîtes voisins qui s'y rattachent et se poursuivent vers le Nord et surtout vers l'Est, à travers les Oueds Targilet et Essera, il est évident que la voie la plus économique et la plus avantageuse consiste à diriger les produits de l'exploitation vers la mer, en les amenant par les vallées secondaires sur les rives de l'Oued Dhamous, et leur faisant côtoyer cette rivière jusqu'à son embouchure dans la Méditerranée.

	Distance	Pente par mètre
On compte de la recoupe de l'Oued Targilet à l'Oued Dhamous	2.776^{m},80	0^{m},036
Et un parcours sur l'Oued Dhamous	16.100^{m},00	0^{m},005
Parcours total	18.876^{m},80	

Les minerais extraits sur les rives de l'Oued Essera auront à parcourir dans cette vallée :

	1,600^{m} à 1,800^{m}	avec pente de	(0^{m},04)
Et le long de l'Oued Dhamous.	12,000^{m} à 13,000^{m}	—	(0^{m},005)
Soit un parcours total de. .	14 à 15 kilomètres.		

Si l'exploration ultérieure des mines situées dans la concession des Beni-Aquil fait reconnaître leur prolongement vers l'Est et leurs relations avec les affleurements connus sur les deux rives de l'Oued Dhamous, les nouvelles exploitations que l'on établira probablement dans ces parages se trouveront à proximité de la voie de transport principale et pourront y être raccordées.

En résumé, et sauf avis meilleur, par suite d'une étude spéciale plus complète, les produits des mines de fer et de la majeure partie des gîtes métallifères de la concession des Beni-Aquil devront être amenés dans la vallée de l'Oued Dhamous, et pourront y être transportés, soit à l'aide de câbles porteurs, soit par des voies ferrées établies sur des plans inclinés automoteurs, pour être dirigés ensuite vers la mer par un chemin de fer de 18 à 19 kilomètres, établi dans de bonnes conditions de service.

Dès lors, leur transport pourra s'effectuer avec l'économie désirable, et beaucoup plus avantageusement que si l'on se raccordait à la Station des Ataffes, par une route de 44 à 45 kilomètres de longueur, puisqu'on aurait encore à parcourir en outre, sur voie ferrée, 172 kilomètres pour gagner le port d'Alger, ou 248 kilomètres pour atteindre Oran.

On pourra établir à l'embouchure de l'Oued Dhamous un petit port où l'on réunirait les chalands, gabares et balancelles nécessaires à l'embarquement dans les navires ancrés près de la côte.

La baie de l'Oued Dhamous est spacieuse et profonde. Des sondages multipliés ont permis de constater les profondeurs d'eau suivantes :

	Profondeur.
A 30 mètres du bord.......	2^m 80
A 60 —	4 50
A 90 —	7 20
A 120 —	23 »
A 226 —	44 »

Elle n'est pas aussi bien abritée du vent venant du large, que la jolie petite baie des Beni Haouas, et à moins que l'on construise un môle-abri, il faut prévoir que le chargement des navires en rade foraine ne serait peut-être pas facile, sinon possible, pendant deux à trois mois par année; mais cet inconvénient s'est aussi présenté aux débuts de l'exploitation de la concession de Mockta, et cela n'a pas empêché le développement et la prospérité de cette entreprise. De plus, au lieu de franchir 18 kilomètres seulement, les minerais de Mockta avaient à parcourir *32 kilomètres* de voie ferrée, de la mine à la Seybouse, où ils étaient déchargés pour être repris par des chalands qu'un remorqueur conduisait sous les palans des grands bateaux à vapeur de la Compagnie générale pour y être embarqués.

Le passage de la Seybouse dans la mer est souvent difficile, parfois impraticable quand le temps est mauvais, et cependant « le minerai était livré au port de » Bone, en 1866 et 1867, au prix de *dix francs la tonne*, » rendue sous palans, ce qui laissait encore une très- » belle marge bénéficiaire aux exploitants », d'après les renseignements fournis par les publications de M. Ville.

Il en est de même de la majeure partie des minerais que l'on exporte de plusieurs autres points des côtes d'Afrique, de la Sardaigne, de l'île d'Elbe, etc.

Les minerais des Beni-Aquil ne sont donc pas plus mal partagés que d'autres sous ce rapport, et lors même qu'ils devraient être embarqués en rade foraine pendant neuf mois sur douze, leur exploitation n'en serait pas moins très-rémunératrice, avec ou sans môle-abri.

Nous reviendrons plus loin sur cette question des transports et de l'embarquement, qui devra faire l'objet d'une étude toute spéciale, en raison de son importance et de ses conséquences sur l'avenir de l'exploitation des mines des Beni-Aquil.

§ 5. — Examen comparatif avec les différentes concessions de mines exploitées en Algérie.

Les gîtes métallifères d'Algérie ont donné lieu à vingt et une concessions, dans lesquelles sont comprises les douze concessions minières récapitulées ci-après, qui sont actuellement en état d'exploitation.

NOMS des CONCESSIONS	SITUATION PROVINCE	ÉTENDUE	NATURE des MINERAIS	NOMS des EXPLOITANTS et PROPRIÉTAIRES	OBSERVATIONS
Mouzaïas. . .	Alger.	5.363 hect.	Fer et cuivre . .	G. Bardy	Travaux repris en 1872.
Gourayas. . .	d°	894 —	Fer et cuivre argentifère.	Cie de Chatillon et Commentry.	Jouit en outre d'autres permis d'exploration.
Soumah . . .	d°	447 —	Fer et cuivre . .	Cie génle Algérienne	
Beni-Aquil. .	d°	4.477 —	Fer et cuivre argentifère.	Rostand et Dervieu.	
—	—	—	—	—	—
Gar Rouban..	Oran.	3.380 —	Plomb argentifère	Guérin du Cayla.	
—	—	—	—	—	—
Aïn Mokhra .	Constantine.	1.996 —	Fer magnétique.	La Soc. de Mockta.	Production annuelle de 3 à 400,000 tonnes.
Bou-Hamra. .	d°	1.375 —	Fer.	La Soc. de Mockta.	
Karésas . . .	d°	1.438 —	Fer.	La Soc. de Mockta.	
La Meboudja.	d°	1.405 —	Fer.	Société de l'Allelik.	
Fellelah . . .	d°	1.676 —	Fer.	d°	
Kef-oum-Théboul.	d°	1.050 —	Plomb	Société d'Oum-Théboul.	
Ras el Ma . .	d°	1.336 —	Mercure.	Héritière Labaille.	

Les concessions abandonnées et celles dans lesquelles les travaux sont encore momentanément suspendus embrassent une superficie de plus de 13,000 hectares et sont au nombre de neuf, savoir :

Province d'Alger.......... 5
— d'Oran.......... 1
— de Constantine... 3

Par contre, l'administration supérieure a délivré, dans ces dernières années, 42 permis d'explorations, qui se répartissent ainsi :

PROVINCES	POUR FER ou fer et cuivre.	POUR PLOMB cuivre, zinc, etc.	DIVERS	TOTAL
Alger.......	5	»	1	6
Oran.......	4	10	»	14
Constantine....	10	10	2	22
Totaux....	19	20	3	42

Ce petit relevé statistique indique nettement le RÉVEIL et *la nouvelle impulsion* des explorations minières en Afrique.

Sous le rapport de *l'étendue du champ concédé*, la concession des Beni-Aquil, qui couvre 4,477 hectares (1), présente un champ d'exploitation beaucoup plus vaste que ceux des concessions voisines de Soumah et des Gourayas, et des concessions d'Aïn Mokhra, et autres exploitées par la Société de Mockta, dans la province de Constantine.

(1) Cette superficie n'est dépassée que par celle des Mouzaïas.

Certes, l'étendue du périmètre ne fait pas la valeur de la concession, mais dans un territoire riche en gîtes métallifères, puissants, continus, et aussi étendus en direction que l'est celui des Beni-Aquil, le développement de la concession est une condition de première importance au point de vue des garanties d'avenir et de la *sécurité* des capitaux à affecter à l'exploitation.

Sous le rapport de l'importance des gisements, de la nature, de la richesse métallifère des minerais qu'ils produisent, la concession de Beni-Aquil figure aussi aux premiers rangs. — Il n'y a guère, en Algérie, que la concession d'Aïn Mokhra, exploitée par la Société de Mockta el Hadid, qui lui soit supérieure. — Cette concession renferme un amas puissant, bien aménagé, au point de fournir annuellement, pendant quinze à vingt ans, environ 300,000 à 400,000 tonnes d'un fer oxydulé magnétique, très-riche en métal, très-pur et très-recherché par la métallurgie.

Ce minerai, dont le dosage en fer dépasse 65 °/₀ au laboratoire, n'en rend guère, paraît-il, que 60 *industriellement*. — Il contient un peu plus de fer et plus de soufre que les minerais des Beni-Aquil, — mais il est moins manganésifère et moins phosphoreux.

Le lecteur en jugera du reste en étudiant les tableaux d'analyse rapportés aux pages 51 et 54 et tenant compte de l'écart qui se produit trop souvent par suite *du choix des échantillons* soumis à l'essai chimique entre le dosage d'une analyse et le rendement industriel.

Nous avons pu nous convaincre d'une manière certaine que la majeure partie des analyses que nous citons, en comparaison avec les nôtres, et un nombre bien plus grand d'analyses que nous avons consultées, se rapportent à des échantillons choisis, riches en métal, et dans lesquelles on s'est abstenu de doser le soufre et le phosphore (1).

Cette abstention tient à deux causes :

1° Le dosage de l'acide phosphorique et de l'acide sulfurique constitue une opération très-méticuleuse, très-délicate et assez coûteuse, dont le résultat peut varier selon la méthode suivie, l'habileté et les soins du chimiste ;

2° La présence du phosphore et du soufre en certaines proportions nuit à la qualité de la fonte et déprécie la valeur des minerais.

On conçoit dès lors que les exploitants et les marchands de minerais se soucient peu de se munir d'armes à double tranchant, ou de fournir des renseignements peu favorables au crédit et au débouché de leurs produits.

Au contraire, les capitalistes invités à commanditer des entreprises de mines et les acheteurs de minerais ont tout intérêt à dissiper les doutes qui peuvent se produire à cet égard.

Désireux de remplir consciencieusement la mission que nous avons acceptée d'étudier les ressources minérales de la concession des Beni-Aquil, nous avons fait faire l'analyse complète d'un grand nombre d'échantillons de minerais de fer et de gangues choisis sur place, comme types des divers gisements.

Voici les résultats des analyses qui résument cette étude et qui ont été exécutées avec beaucoup de soins par M. Léon Rioult, expert près les douanes et chimiste au bureau des essais de l'École des mines, à Paris.

---

(1) Nous pourrions même rectifier certains chiffres à l'aide de documents précis et indiscutables, si des scrupules de délicatesse et de discrétion ne nous faisaient un devoir de nous en abstenir.

Analyses des minerais de fer de la concession des Beni-Aquil.

COMPOSITION DES MINERAIS — DOSAGE POUR 0/0	GITE DES CAVERNES ROMAINES ÉCHANTILLONS Nº 1.	ÉCHANTILLONS Nº 2.	PROLONGEMENT de ce gîte vers l'Est EXTRÉMITÉ EST Nº 3.	AFFLEUREMENT DU FILON N.-S. qui s'y rattache. Nº 4.
Silice.	2.00	5.30	1.50	2.00
Alumine	1.00	1.30	0.50	0.30
Peroxyde de fer. .	82.30	82.60	74.60	76.00
Oxyde de Manganèse.	3.60	4.60	4.00	3.00
Chaux.	3.60	0.50	3.90	8.00
Magnésie	0,50	0.30	1.00	0.60
Acide sulfurique. .	traces.	0.11	0,05	0.18
Acide phosphorique	0.03	traces.	0.05	0.03
Perte par la calcination.	6.60	4.80	14.00	9.56
	99.63	99.51	99.60	99.67

Examinons maintenant : 1° si ces minerais conviennent à la fabrication des Bessemer, et 2° s'ils sont ou non d'autant de valeur, de qualité aussi marchande que d'autres minerais d'Algérie ou de provenance étrangère.

1° TYPE DES MINERAIS A FONTES BESSEMER.

Principes. — Du moment que les minerais ne contiennent que peu de soufre et de phosphore et une quantité convenable de silice, un traitement approprié au haut-fourneau peut en faire des fontes à Bessemer.

Manganèse. — Le manganèse est recherché dans leur composition, et avec raison, parce que c'est un *désulfurant*; aussi, en Angleterre, quand il manque aux minerais *riches en fer*, on y supplée par des additions d'autres minerais moins pourvus de fer, mais plus *manganésifères*.

Phosphore. — Le point capital pour les fontes à acier, c'est qu'elles ne renferment que peu de phosphore.

Dans quelles proportions peut-on admettre cet ennemi des aciers ?

C'est un point de la science trop peu connu pour oser préciser.

En pratique, les ingénieurs d'usine ne s'effraient pas de 0,05 à 0,07 % de phosphore, mais au delà, ils seraient tentés d'attribuer à ce corps le manque de qualité du métal obtenu.

Soufre. — Le *soufre* dans les mêmes proportions n'inquiète pas. — On accepte facilement 0,10 %. On tolérerait même encore quelque écart de 0,10 à 0,20 %, surtout si la teneur en manganèse est un peu élevée.

Silicium. — Les fontes Bessemer contiennent et doivent contenir de 2 à 3 1/2 % de silicium. — C'est un agent *indispensable.*

Nous compléterons ces données en renvoyant le lecteur à la page 54, pour y consulter un certain nombre d'analyses des minerais employés à la fabrication des fontes Bessemer.

Les inductions fournies par la comparaison des chiffres de ces tableaux avec les résultats analytiques des minerais des Beni-Aquil sont *favorables* à ces derniers et ne laissent pas de *doute* sur leur valeur applicative convenable à la fabrication des fontes Bessemer.

En effet, le gîte des Cavernes produit un minerai dont la teneur métallique dépasse en moyenne 57,72 °/₀ de fer et 2,95 °/₀ de manganèse.

Il y a en moyenne :

3,65 °/₀ de silice	dans la gangue.
1,15 °/₀ d'alumine......	
2,05 °/₀ de chaux.......	
0,40 °/₀ de magnésie....	

L'acide sulfurique n'y entre que pour 0,055, et le dosage *moyen en acide phosphorique* ne dépasse pas 0,015.

Ces minerais se trouvent absolument dans les meilleures conditions de composition pour fabriquer d'excellentes fontes Bessemer, et remarquons bien qu'ils constituent la masse minérale de l'énorme amas de l'Oued Targilet.

En outre, bien qu'il ne faille pas s'attacher à l'analyse des échantillons d'affleurements, qui sont généralement altérés et plus pauvres que les parties profondes des gîtes, il est utile de remarquer la conformité générale de composition des minerais provenant de l'amas principal et des gîtes qui s'y rattachent. Ainsi, à 3 kilomètres vers l'est, comme à 1,5 kilomètres vers le nord, nous retrouvons encore dans les gîtes métallifères accessoires, des minerais tenant 53 °/₀ de fer et 2,52 de manganèse, qui ne dosent que 0,11 d'acide sulfurique et 0,04 d'acide phosphorique. (Voir page 51, colonnes 3 et 4.)

Ces faits sont des plus rassurants pour l'avenir de l'exploitation de ces mines.

Les minerais des Beni-Aquil sont-ils d'aussi bonne qualité et d'autant de valeur pour l'usage Bessemer que d'autres minerais d'Algérie et d'autres lieux ?

On en jugera par le tableau suivant :

Tableau comparatif de la richesse minérale et de la composition de divers minerais de fer.

Nos D'ORDRE	DÉSIGNATION des MINERAIS	TENEUR en FER	TENEUR en MANGANÈSE	ACIDE SULFURIQUE ou SOUFRE	ACIDE PHOSPHORIQUE
	ALGÉRIE				
1	Mockta el Hadid. .	60.40 à 64.77	1.49 à 1.80	0.075 à 0.275 (soufre).	traces.
2	Soumah	49.70 à 57.55	1.40 à 2.02	non dosé, nonobstant la présence des pyrites	non dosé.
3	Les Gourayas. . .	51.75	2.25	»	»
4	Temoulga.	50.48 à 53.82	non dosé.	non dosé.	non dosé.
5	Mouzaïa.	44.80 à 45.36	»	»	»
6	Oued Messelmoun.	54.75	»	»	»
7	Beni Aquil. . . . (moyenne des analyses).	57.72	2.95	0.055	0.015
	MINES ÉTRANGÈRES.				
8	St-Léon Sardaigne (employé dans les usines de MM. Pétin Gaudet à Assailly)	60.20	0.576	0.20 soufre.	traces.
9	Ancerville.	50.82	»	0.09 acide sulfurique	0.22
10	Bilbao	57.82	0.51	0.16 soufre.	traces.
11	Carthagène. . . .	53.68	0.99	0.20 soufre.	0.05
12	Parazuela.	51.80	8.56	0.25 soufre.	»
13	Cumberland. . . .	58.08	0.18	traces.	traces.
14	Id. . . .	51.39	0.09	traces.	traces.

Types de divers minerais de fer et de manganèse (10 provenant d'Espagne), traités en Belgique pour la fabrication Bessemer.

DÉSIGNATION DES MINERAIS	TENEUR en FER	TENEUR en Manganèse	TENEUR en acide sulfurique ou soufre	TENEUR en acide phosphorique ou phosphore
MINERAIS DE 1re QUALITÉ ET LES PLUS RECHERCHÉS				
Minerai spathique d'Irun	37.70	3.00	0.12	traces.
— d'Arée-Santander.	52.45	0.60	0.08	0.01
— de Déséada.	58.00	0.15	0.045	traces.
— de Vulcano Salladoz.	48.50	7.80	»	néant.
— de Marbella mélangé.	60.00	traces.	0.055	0.02
— manganèsifère de Palomaris. . .	50.00	10.90	0.17	traces.
MINERAIS DE 2e ET DE 3e QUALITÉ mais cependant passés aux hauts-fourneaux en mélange avec d'autres.				
Minerai de Muriedas	48.25	0.18	0.10	0.06
— de Malcano.	44.50	traces.	0.42	0.15
— de Llano.	52.70	»	0.22	0.12
— manganèsifère de Huelva	1.96	52.05	»	0.14
Minette grise, calcareuse, du Luxembourg.	34.00	2.00	0.03	0.70
Isnes rouges (oligiste).	34.05	0.30	0.07	0.90

L'examen des analyses rapportées dans les tableaux ci-dessus aboutit donc encore à une conclusion toute favorable aux minerais des Beni-Aquil.

S'ils contiennent un peu moins de *fer* que les minerais de Mockta, ils sont, par contre, beaucoup *plus riches en manganèse*, et *moins sulfurés*; et si l'on en excepte Mockta, les minerais des Beni-Aquil sont plus riches en fer, plus riches en manganèse, et plus purs, plus exempts de soufre et de phosphore que ceux qui proviennent des exploitations régulières de Soumah, des Gourayas et autres mines algériennes.

Les minerais de Saint-Léon (Sardaigne), employés dans les usines de MM. Petin Gaudet, à Assailly (Rive-de-Gier), et indiqués dans les *Annales des mines* comme *excellents* pour fabriquer le métal Bessemer, contiennent jusqu'à 0,20 de soufre °/₀ de minerais, et ne renferment que 60,20 de fer et 0,576 de manganèse.

Les minerais d'Espagne, dont nous reproduisons les analyses, présentent à peu près les mêmes proportions de fer, mais sont aussi beaucoup plus sulfurés, et moins riches en manganèse que ceux des Beni-Aquil. Les minerais traités en Belgique pour la fabrication Bessemer sont généralement moins purs que ceux des Beni-Aquil. Ils sont cependant vendus à bon prix et couramment, à Anvers, aux métallurgistes belges et allemands.

Enfin, les minerais anglais employés généralement à la fabrication des fontes Bessemer sont moins riches en manganèse, et ne sont pas sensiblement plus purs que les minerais des Beni-Aquil.

Ceux-ci présentent donc toutes les conditions requises pour être classés aux premiers rangs des meilleurs minerais de fer, propres à la fabrication des aciers Bessemer et autres.

DEUXIÈME PARTIE

PROJET D'EXPLOITATION

§ 1er. — Examen du plan d'exploitation de la concession.

Nous avons vu précédemment que le territoire de la concession n'était pas également fertile en mines dans tous ses points.

La partie sud-est présente une réunion remarquable de *mines de fer*; les unes côtoyent les vallées secondaires, les autres se poursuivent vers l'est, le long de l'Oued-Dhamous, de façon à pouvoir être toutes reliées à un chemin de fer établi dans la vallée de ce fleuve.

Les *mines de cuivre* situées plus au nord, s'écartent notablement de cette grande voie ferrée qui amènerait à la mer les produits de la concession.

L'exploitation de ces mines cuprifères, quoique rémunératrice, ainsi que nous l'avons dit page 30, n'offre cependant qu'un bénéfice peu important, eu égard aux capitaux à avancer pour mettre en valeur la concession des Beni-Aquil, tandis que les *mines de fer*, d'après ce que nous en voyons aujourd'hui déjà, peuvent être mises à fruit promptement, et acquérir ensuite un grand développement si les gisements se poursuivent dans les conditions de puissance et de richesse de leurs affleurements, ce qui est très-probable. — L'exploitation de ces mines pourrait ainsi procurer des bénéfices presque immédiats, dont la réalisation viendrait aider à l'exécution des travaux de premier établissement, et à l'extension des travaux d'avenir.

Dans ces conditions, il est évident que les exploitants doivent porter leurs premiers efforts sur les ressources les plus certaines, les plus lucratives et les plus immédiatement réalisables.

A tous ces points de vue, il n'est pas douteux qu'il faille d'abord reconnaître et attaquer dans ses affleurements le gîte de la Caverne des Romains, dont on s'attachera avant tout à déterminer l'allure, la puissance et la composition, par un système méthodique de travaux d'exploration, effectués à l'aide de tranchées à ciel ouvert, dans les endroits où le gîte ne sera pas recouvert d'une trop grande hauteur de terrains stériles ou par travaux souterrains (puits, galeries et descenderies) dans le cas contraire.

C'est la première chose à faire, et une dépense de 80,000 à 100,000 francs, affectée à des travaux de reconnaissance, suffira pour fixer d'abord les concessionnaires sur la valeur du gîte principal.

En outre, tous ces travaux de recherche et les travaux préparatoires ultérieurs seront dirigés de manière que l'exploitation puisse suivre immédiatement l'exploration, et coordonnés de façon à les rattacher à un ensemble bien combiné de moyens de transport, d'exhaure et d'aérage qui évite les retards, les fausses manœuvres, les doubles emplois, et assure les conditions d'extraction les plus économiques et les plus productrices.

Au fur et à mesure que le développement des travaux de mines, concentrés au début sur le gîte des Cavernes, amènera dans la contrée un contingent d'ouvriers plus important, et produira des ressources de main-d'œuvre à la Compagnie, des travaux d'exploration, suivis d'exploitation, seront pratiqués dans les affleurements des prolongements de gîtes présentant les plus beaux indices de minerais et situés à proximité des voies ferrées qui conduisent à la mer. Ainsi on explorera les filons de Sibel Hadj situés sur la rive gauche de l'Oued Targilet, puis les gîtes ferrifères Est-Ouest, etc., de manière à déterminer les relations entre ces divers gisements.

Enfin, quand l'exploitation fructueuse des mines de fer aura permis l'installation complète des établissements industriels convenables à la bonne organisation de l'entreprise, et fourni les réserves nécessaires, on prélèvera sur les bénéfices une somme suffisante pour reprendre l'exploitation des mines de cuivre argentifères, et continuer l'exploration des filons provisoirement suspendue ou réservée jusqu'alors.

Telle nous paraît devoir être la marche à suivre.

Les livres comptables de l'ancienne Société nous apprennent que les divers éléments des travaux de mine et notamment la main-d'œuvre peuvent s'obtenir à de bonnes conditions aux Beni-Aquil.

Indépendamment des indigènes, la plupart ouvriers Kabyles, soumis et laborieux, on peut encore compter sur un contingent suffisant de mineurs espagnols, surtout si l'on établit à proximité des travaux, dans les quarante et un hectares de terrains acquis par MM. Rostand et Dervieu, des casernes de campement, gourbis, magasins, cantines, etc., comme on l'a fait autrefois sur le plateau du village des Beni-Aquil lors des travaux de 1857-62. *(Voir planche III.)*

C'est un grand avantage que de pouvoir loger les ouvriers à pied d'œuvre, et à proximité de sources d'eau potable, et cet avantage est bien plus précieux encore en Algérie que partout ailleurs.

§ 2. — Détermination du développement à donner successivement à la mine, et des travaux nécessaires à faire pour transporter à quai et embarquer les minerais.

Nous pensons qu'il est facile d'organiser les travaux de recherche et les travaux préparatoires, de manière à reconnaître les gîtes et à produire dans le cours de la

1re année	d'exploitation	15 à 20.000 t.	de minerais,
dans la 2e	—	40.000	—
dans la 3e	—	70.000	—
dans la 4e	et les suivantes	100.000	—

Il est même possible, si les capitaux sont abondants, et les travaux nullement entravés, que l'on puisse procéder plus rapidement, et faire :

La 1re année	25.000	tonnes
la 2e —	50.000	—
et la 3e environ	100.000	—

Pour satisfaire à la demande qui nous est faite d'indiquer *approximativement* les résultats financiers de l'exploitation des mines de fer des Beni-Aquil, nous allons chercher à apprécier aussi exactement que possible les prix de revient proprement dits, et la valeur marchande de ces minerais rendus à la mer, ou embarqués. On comprendra facilement combien ces calculs de probabilité sont délicats et peu rigoureux surtout quand on ne peut guère les établir que par analogie avec d'autres exploitations voisines. Si l'on avait fait exploiter ces gîtes précédemment, on aurait des points de repères, des données pratiques et certaines qui nous manquent. Cela n'étant pas, les garanties de réalisation conforme aux prévisions, résident entièrement dans l'expérience et le caractère consciencieux de l'ingénieur chargé de les établir; et en pareil cas plusieurs opinions valent mieux qu'une seule.

M. l'ingénieur Thévenet, ayant visité vers la fin du mois de septembre 1864 la concession des mines des Beni-Aquil, en compagnie de M. Pirauld, l'ancien directeur, qui mit à sa disposition tous les renseignements désirables, formula une opinion toute favorable sur l'avenir réservé à l'exploitation des gisements concédés, en combinant ces renseignements avec les observations qu'il fit sur les lieux.

En étudiant la question de l'exploitation des Cavernes Romaines, dont il se proposait de transporter les produits à la mer par une route directe de quinze kilomètres de longueur, aboutissant à la baie des Beni-Haouas, il évaluait comme suit la dépense et le bénéfice (1) :

« Valeur de la tonne sous voile à Marseille. Fr.		23 »
» Dépense de production. Extraction .	2 »	18 »
Transport 15 kil. à 0 fr. 30 . . .	4 50	
Embarquement	1 »	
Nolis et chapeau	10 50	
Bénéfice. . . . . .Fr.		5 »

» Si on exploitait 50,000 tonnes par an, chiffre considérable, il est vrai, mais que rien n'empêche d'atteindre, » disait-il, on réaliserait un bénéfice brut de 250,000 francs » par an. »

Il ajoutait :

« Cette énorme masse de fer paraît difficile à épuiser; » de sorte qu'il n'est pas nécessaire de s'étendre sur les

(1) Il convient d'observer que cette appréciation date de 1864, époque antérieure au renchérissement des minerais de fer aciéreux.

» autres gisements de fer nombreux et intéressants, qui » sont dans le voisinage; la seule couche des Cavernes suffit » à une exploitation à peu près *indéfinie.* »

Nous pouvons trouver, dans des exploitations similaires et voisines des Beni-Aquil, des éléments plus modernes, propres à asseoir ou à confirmer nos prévisions.

Ainsi à Soumah les filons sont nombreux et étendus, mais peu puissants (1 à 2 mètres d'épaisseur) et médiocrement riches ; ils se sont fait jour à travers les schistes et sont plus ou moins remplis de leurs débris. — Le minerai est le plus souvent du carbonate de fer, transformé en hématite brune, ou quelquefois parfaitement pur et blanc, mais fréquemment parsemé de taches cuivreuses qui nécessitent un triage indispensable.

Ces lignes indiquent la grande analogie qui existe entre ces gisements de Soumah, et les filons cuprifères N.-S. à gangue de fer carbonaté de la concession des Beni-Aquil.

Indépendamment de ces filons schisteux, il y a aussi, nous dit-on, dans la concession de Soumah, comme aux Beni-Aquil, un amas assez important, principalement formé de minerai de fer.

Cet ensemble de gîtes à exploiter présente donc absolument les conditions matérielles et les caractères industriels de la concession des Beni-Aquil, limités cependant à des gîtes qui paraissent moins puissants, et à un champ concédé moins étendu.

« Or, une étude contradictoire faite à la date du » 22 juin 1872 par M. Parran, directeur de l'importante » Compagnie de Mokta el Hadid, et par M. Ville, ingé- » nieur en chef des mines de la province d'Alger, éta- » blit que le nombre et la richesse des filons existants

» à Soumah, permettent d'estimer à *plusieurs millions* » de tonnes la quantité de minerai de fer succeptible » d'être exploitée, et qu'une production annuelle de » cent mille tonnes peut être facilement atteinte moyen- » nant une dépense totale de 1,200,000 francs. »

» Quant aux produits, MM. Ville et Parran estiment » à 8 francs le prix de revient de la tonne de minerai » rendu à quai à Alger, et ils font remarquer que ce » minerai est actuellement très-demandé au prix de » 15 francs la tonne prise au port d'embarquement (1). »

Rappelons en passant que la concession de Soumah, d'une superficie de 447 hectares, a été apportée pour 1,245,000 francs, dans la société anonyme constituée en juillet 1872, et que celle des Beni-Aquil s'étend sur 4,476 hectares.

On nous assure que les mineurs y sont payés à raison de 4 à 5 francs par jour ; les manœuvres d'intérieur 3 francs à 3 fr. 50 c., et les manœuvres de la surface au prix de 2 francs à 2 fr. 50 c., et que, dans ces conditions, la tonne de minerai *extraite en galerie, ouverte dans le filon*, revient à 1 fr. 35 c. sur le carreau de la mine.

L'écart entre la valeur marchande de 15 francs, au port d'embarquement et le prix de revient de 8 francs, laisse donc à l'exploitant un profit net de 7 francs par tonne.

La concession d'Aïn Mokra d'une superficie limitée de 1,996 hectares, apportée à la Société de Mockta el Hadid pour une somme de 4,500,000 francs, produit annuelle-

---

(1) Extrait du rapport présenté à l'Assemblée générale des actionnaires de la Compagnie anonyme de Soumah par M. le comte d'Ayguevives le 17 octobre 1872.

ment 300,000 à 400,000 tonnes de minerai de fer transportées à 36 kilomètres de la mine et livrées au port de Bone à des prix qui varient de 10 à 12 francs la tonne rendue sous palans, en exécution de marchés considérables passés à une époque antérieure au renchérissement de ces minerais, mais qui laissent encore à l'exploitant un bénéfice de 5 à 6 francs par tonne (1).

Les calculs de probabilités auxquelles nous nous sommes livrés, en vue d'apprécier approximativement la dépense à faire pour installer et mettre en marche régulière l'exploitation des mines de fer des Cavernes Romaines, après qu'une exploration bien entendue en aurait confirmé la puissance et la continuité, se résument dans les tableaux suivants :

PREMIÈRE PÉRIODE.

Travaux d'installation et d'exploration. — Prévisions de dépenses :

Cantines et baraquements . . . . . . Fr.	10.000
Bureaux et magasins	10.000
Outils de mine pour 100 ouvriers à 50 francs.	5.000
Voies ferrées des chantiers 1,000 m. à 15 francs	15.000
Travaux de recherche et d'exploration des gîtes.	80.000
Approvisionnements divers	10.000
Frais imprévus	20.000
Ensemble. . . . . Fr.	150.000

(1) Mokta a fait en 1869 un bénéfice brut de 6 fr. 74 c. par tonne ⎫ moyenne
— et en 1870 — 5 fr. 04 c. — ⎭ 5 fr. 89 c.

DEUXIÈME PÉRIODE

Travaux de 1er établissement et travaux préparatoires à l'exploitation. — Indication des dépenses.

Cantines et baraquements . . . . . . Fr.		15.000
Magasins supplémentaires		15.000
Outils, matériel de mine, forges, dépendances.		50.000
Voies ferrées des chantiers, wagons, brouettes pour 3,000 mètres à 15 francs, croisements, etc.		50.000
Aménagement des gîtes explorés		150.000
Continuation de l'exploration dans les parties vierges des gîtes		20.000
Installation des câbles porteurs de la mine à l'Oued Dhamous et matériel	50.000	600.000
Construction du chemin de fer de l'Oued Dhamous à la mer	400.000	
Matériel de traction et de remorquage du chemin de fer	150.000	
Petit port d'embarquement (simple abri pour les chalands) (1) radoubs, matériel de la batellerie y compris un remorqueur à vapeur. .		200.000
Travaux divers et frais imprévus		150.000
		1.250.000

Ainsi :

1re période, travaux d'installation et d'exploration	150.000
2me période, travaux d'aménagement et de 1er établissement	1.250.000
Soit ensemble une somme de.	1.400.000

(1) S'il s'agissait d'un port véritable ou d'un môle-abri pour les grands navires, la dépense devrait être augmentée de 3 à 400,000 francs.

qui nous paraît devoir être employée pour s'assurer de la continuité et de la régularité des gisements, les disposer à une production régulière et annuelle de 100,000 tonnes pendant un certain nombre d'années, et enfin installer les moyens convenables de transport et d'embarquement de leurs produits.

§ 3. — Capital nécessaire à la Société d'exploitation.

A ce capital de 1er établissement, nous devons ajouter le capital de roulement nécessaire pour suffire aux opérations commerciales, et subvenir aux besoins de l'exploitation, lors même que des mauvais temps prolongés empêcheraient les chargements à la côte et les expéditions. Nous serons sans doute à l'abri de toute éventualité en comptant de ce chef un capital roulant de 400,000 francs.

Et si, prévoyant le cas d'une installation plus complète au port, de la construction d'un môle-abri, ou de toute autre extension de travaux à la surface ou dans les mines, nous portons le chiffre total du capital à faire à 2,000,000 fr. nous pourrons nous convaincre par les calculs suivants que le service des intérêts et de l'amortissement ne surchargera pas outre mesure les frais d'exploitation (1).

§ 4. — Détermination du prix de revient approximatif et probable de la tonne de minerai.

TRAVAUX D'EXPLOITATION.

Prévisions des dépenses à faire pour extraire, transporter et embarquer 1,000 kilos de minerai de fer, en comptant sur une production annuelle et régulière de 100,000 tonnes.

---

(1) Les tables à l'usage du Crédit Foncier indiquent en effet qu'un capital de 1,600,000, s'amortit en quinze ans, capital et intérêts, par un versement annuel de 162,514 francs, ce qui représente 1 fr. 63 cent. par tonne à raison de 100,000 tonnes par an. Le capital roulant n'est pas amortissable de sa nature.

Détail des dépenses prévues	Par 1,000 kilos de minerai sous vergues.
1° Abattage triage et mise en wagons à la mine ....Fr.	2 »
2° Transport de la mine à la mer........	1 57
3° Embarquement......................	1 50
4° Direction, personnel et frais généraux.	1 »
5° Intérêts et amortissement du capital immobilisé...........................	1 63
Ensemble...........Fr.	7 70
6° Imprévu..........................	» 30
Prix de revient présumé de la tonne de minerai des Beni-Aquil embarqué à la côte d'Afrique..........................Fr	8 »

§ 5. — Détermination de la valeur commerciale des minerais de fer des Beni-Aquil et évaluation des bénéfices probables de l'exploitation.

Si le prix de 15 francs est offert pour les minerais de Mockta, de Soumah et des autres bonnes mines d'Algérie, il peut et doit l'être également pour le minerai des Beni-Aquil qui est d'aussi bonne qualité que la moyenne de ces minerais. Ce prix laisserait un bénéfice de 7 francs par tonne de minerai des Beni-Aquil.

On sait, en outre, que le Creusot achète au prix de 28 francs les 1,000 kilos, rendus *franco* à Marseille, le minerai de fer de l'île d'Elbe, contenant 55 % de fer, et dont la production atteint aussi 100,000 tonnes par année.

Or, le fret de la côte algérienne à Marseille étant de 10 à 12 francs, selon les circonstances, il resterait un prix net de 18 à 16 francs par tonne de minerai embarqué sur la côte d'Afrique, et par conséquent une marge en bénéfice correspondante d'au moins 8 francs par tonne.

Les métallurgistes belges et allemands achètent actuellement à Anvers, au prix de 42 francs la tonne, des minerais analogues à ceux des Beni-Aquil. Les frets d'Anvers à la côte d'Afrique varient de 20 à 25 francs, selon les époques et les circonstances commerciales.— L'écart varierait donc de 17 à 22 francs par tonne, et le bénéfice correspondant de 9 à 14 francs dans les conditions actuelles du marché des minerais.

Enfin, on nous assure aussi que l'on vend à Oran, au prix de 18 à 20 francs la tonne, les minerais de fer aciéreux que l'on embarque pour l'Angleterre, et les renseignements que nous recevons de ce pays nous apprennent que les minerais analogues à ceux des Beni-Aquil y valent 30 à 32 shillings la tonne. Le fret étant en moyenne de 12 à 13 shillings, le prix net qui en ressort peut varier de 17 à 20 shillings, soit 21 fr. 25 c. à 25 francs par tonne, ce qui laisserait un bénéfice de 13 fr. 25 c. à 17 francs par tonne, mise à bord à la côte d'Afrique, au prix de 8 francs.

En définitive, les prix de vente d'une matière première industrielle dépendent du rapport entre l'offre et la demande, et en présence du développement extraordinaire des aciéries Bessemer, etc., etc., et des besoins de la métallurgie, nous ne pensons pas qu'il y ait lieu de redouter d'ici à longtemps, pour les minerais de première qualité tels que ceux des Beni-Aquil, une réduction notable sur les cours actuels.

Sur cette base de prix de 15 à 16 francs la tonne, rendue sous vergues à la côte d'Afrique, l'exploitant des mines de fer des Beni-Aquil pourrait donc réaliser un bénéfice net de 7 à 8 francs par 1,000 kilos de minerai extrait et embarqué.

Or, nous avons dit à la page 40 que les affleurements

du seul gîte des cavernes Romaines se montrent sur une étendue de 42,000 mètres et une hauteur moyenne de 45 mètres de telle sorte que la masse minérale de l'amas restée intact nous paraît pouvoir être évaluée à 1,500,000 tonnes, et exploitée en 15 annuités de 100,000 tonnes.

La réalisation de ces calculs de probabilité procurerait donc à l'exploitant un bénéfice net annuel de 7 à 800,000 francs par an pendant une quinzaine d'années, et qui pourrait même être augmenté, si les travaux de reconnaissance que nous conseillons justifient les espérances et les prévisions que l'étude de la concession fait concevoir.

Il est évident, toutefois, que ce bénéfice ne sera pas atteint dans les premiers temps de l'entreprise.

La première période des travaux, consacrée à l'installation et à la reconnaissance suffisante des gîtes, prendra bien six à huit mois, peut-être même davantage, et l'on ne peut compter pendant ce temps que sur une très-faible production de minerai, provenant du cassage des blocs éboulés, de l'ouverture des galeries, des puits, des tranchées, etc.

Pendant la deuxième période, la production en minerai sera plus considérable, parce que les travaux préparatoires s'effectueront surtout en plein gîte.

Les prix de revient varieront proportionnellement avec les quantités produites, et les conditions plus ou moins favorables de l'abattage — (En tranchées, en puits ou en galeries.)

Il est très-difficile de donner à cet égard, dès aujourd'hui, des *appréciations exactes ;* aussi, ce n'est qu'à titre *de renseignement*, et sans pouvoir en garantir l'exactitude rigoureuse, que nous indiquerons les prévisions suivantes, basées sur des calculs d'avancement que nous ne pouvons établir qu'à l'aventure, dans la situation actuelle des choses.

PRODUCTION PRÉSUMÉE EN MINERAIS			PRIX DE REVIENT DE LA TONNE
1re année des travaux	15 à 25,000	tonnes.	12 à 13 francs
2me —	40 à 50,000	—	10 à 11 —
3me —	100,000	—	8 —

Il convient d'observer que ces minerais ne pourront être transportés économiquement à la mer, embarqués et par conséquent réalisés fructueusement avant l'achèvement du chemin de fer et du port. — Jusqu'à ce moment ils resteront donc déposés sur le carreau de la mine ou seront transportés par les câbles-porteurs sur la rive de l'Oued Dhamous pour y être mis en stock jusqu'au jour où la locomotive remontera l'Oued Dhamous pour venir les prendre — *au profit de l'industrie française*, nous l'espérons bien !

§ 6. — Conclusions.

En résumé :

1° La concession des Beni-Aquil présente, dans un périmètre très-développé, de nombreux filons cuprifères et plusieurs mines de fer, dont les affleurements puissants et les coupes visibles dénotent des ressources extrêmement importantes et font prévoir des gîtes qui paraissent susceptibles d'une grande et fructueuse exploitation ;

2° Pour *préciser* la valeur industrielle de ces gîtes, il serait nécessaire de les contourner et de les recouper à différents niveaux par des travaux de mine.

3° Ces recherches préalables absorberaient du temps et des capitaux, mais si elles confirmaient nos appréciations et nos espérances, comme cela nous paraît *probable*, elles donneraient à la concession une plus-value *très-considérable*, proportionnée aux produits nets d'une exploitation assurée;

Alors, dans le cas où la concession serait cédée, le prix d'apport en serait notablement augmenté; ou bien, dans le cas où les concessionnaires exploiteraient eux-mêmes, ils y trouveraient la sécurité désirable pour constituer le capital nécessaire aux grands travaux à entreprendre.

4° A notre avis, ces travaux présentent les plus grandes chances de succès, et nous n'hésitons pas à donner le conseil de les entreprendre dans l'ordre prudent que nous avons indiqué, à la condition, toutefois, que l'entreprise soit bien organisée, soutenue et développée par des capitaux suffisants.

Paris, janvier 1873.

Lucien RENARD,
Ingénieur honoraire des Mines, etc., etc.

TABLE

PREMIÈRE PARTIE.

Étude de la concession minière des Beni-Aquil.

DEUXIÈME PARTIE.

Étude de la mise à fruit de la concession des Beni-Aquil.

DÉSIGNATION DES PLANCHES

IMP. CENT. DES CHEMINS DE FER. — A. CHAIX ET Cie, RUE BERGÈRE, 20, PARIS. — 3746-4.

3

36

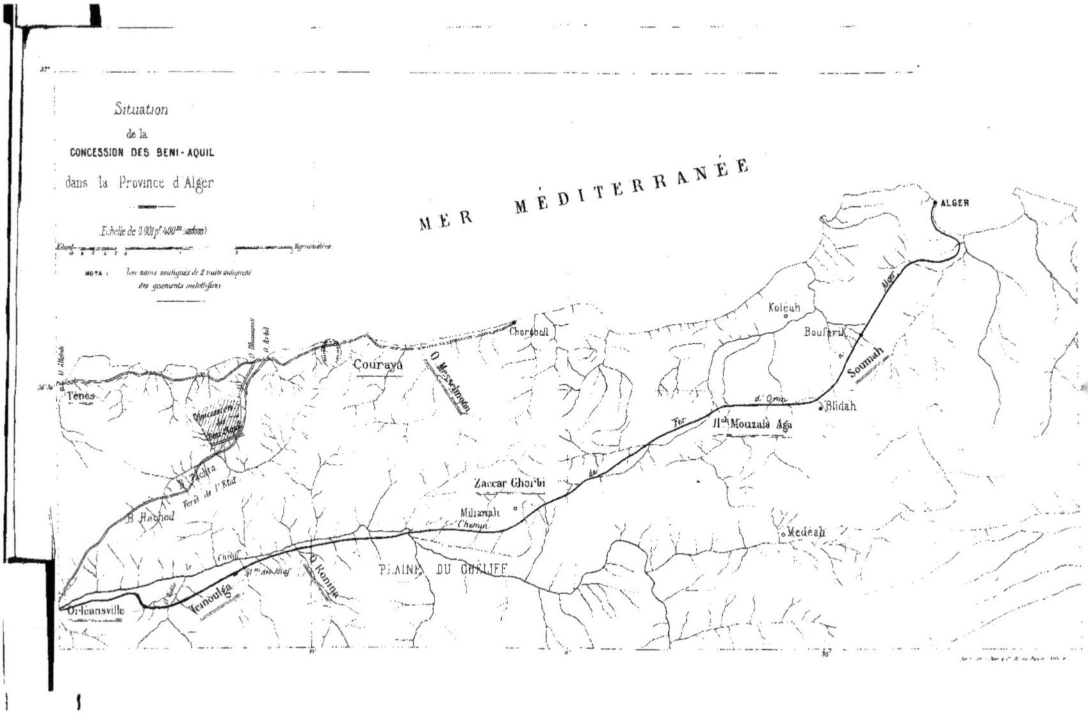
Situation
de la
CONCESSION DES BENI - AQUIL
dans la Province d'Alger
NOTA : Les noms soulignés de 2 traits indiquent des gisements métallifères
MER MÉDITERRANÉE
ALGER
Koleah
Boufarik
Soumah
Blidah
H^ch Mouzaïa Aga
Médéah
Cherchell
Courayà
O. Messelmoun
Zaccar Gharbi
Milianah
PLAINE DU CHÉLIFF
Ténès
Concession des Beni-Aquil
B. Rached
Ferit de l'État
O. Rouina
Temoulga
Orléansville

S DES
0
200

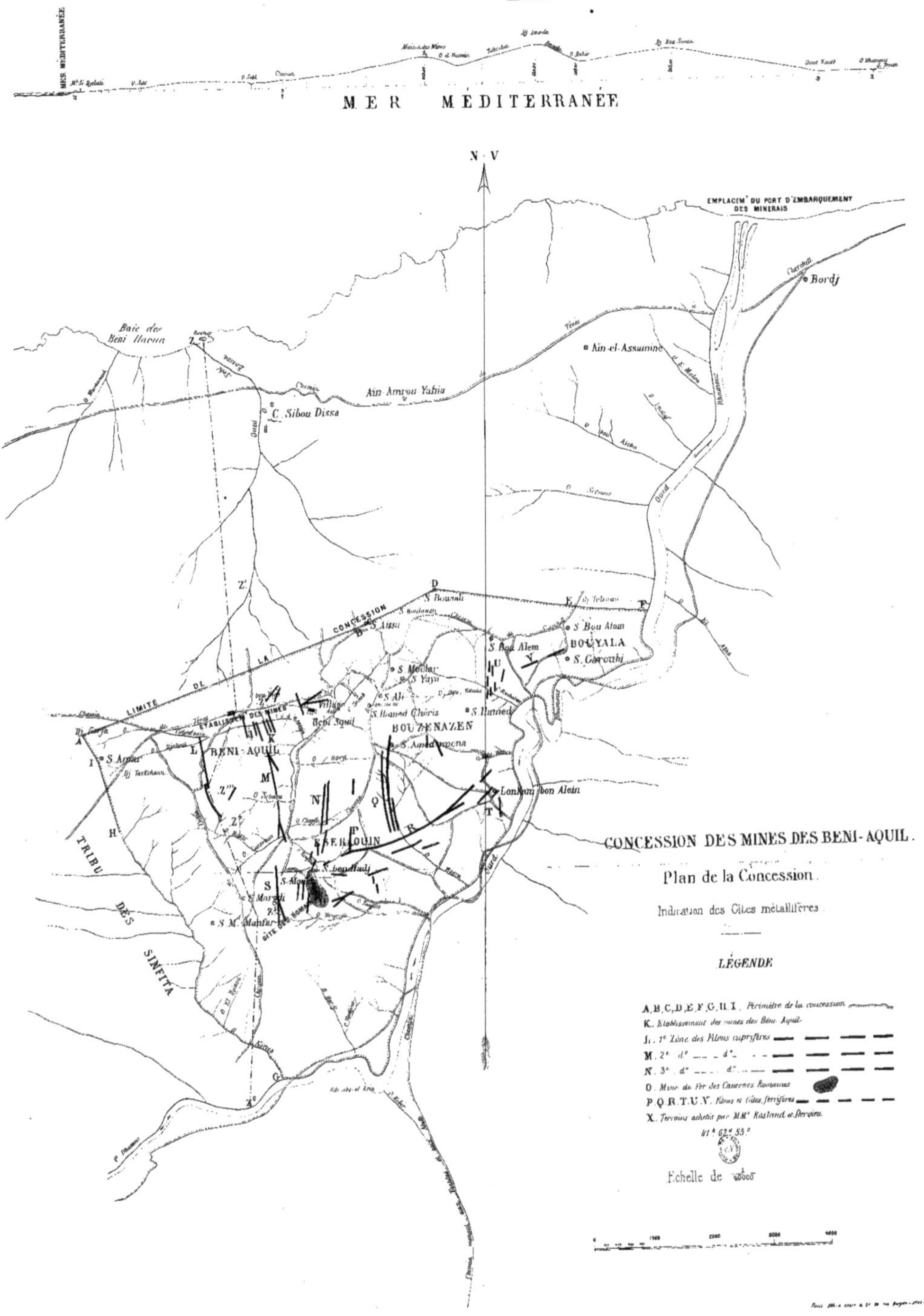
CONCESSION DES MINES DES BENI-AQUIL
Coupe dressée par Mr Vatonne, Ingénieur des Mines
MER MÉDITERRANÉE
N·V
EMPLACEMt DU PORT D'EMBARQUEMENT DES MINERAIS
Bordj
Baie des Beni Haoua
Ain-el-Assamine
Ain Amrou Yahia
C. Sibou Dissa
LIMITE DE LA CONCESSION
S. Bou Alem
BOUYALA
S. Garoubi
BENI-AQUIL
BOUZENAZEN
S. Amar
TRIBU DES SINFITA
CONCESSION DES MINES DES BENI-AQUIL.
Plan de la Concession.
Indication des Gîtes métallifères
LÉGENDE
A, B, C, D, E, F, G, H, I. Périmètre de la concession
K. Etablissement des mines des Beni-Aquil
L. 1e Zone des Filons cuprifères
M. 2e d° — d°
N. 3e d° — d°
O. Mine de Fer des Casernes Romaines
P. Q. R. T. U. V. Filons et Gîtes ferrifères
X. Terrains achetés par MM. Kasland et Dervieu.
Echelle de

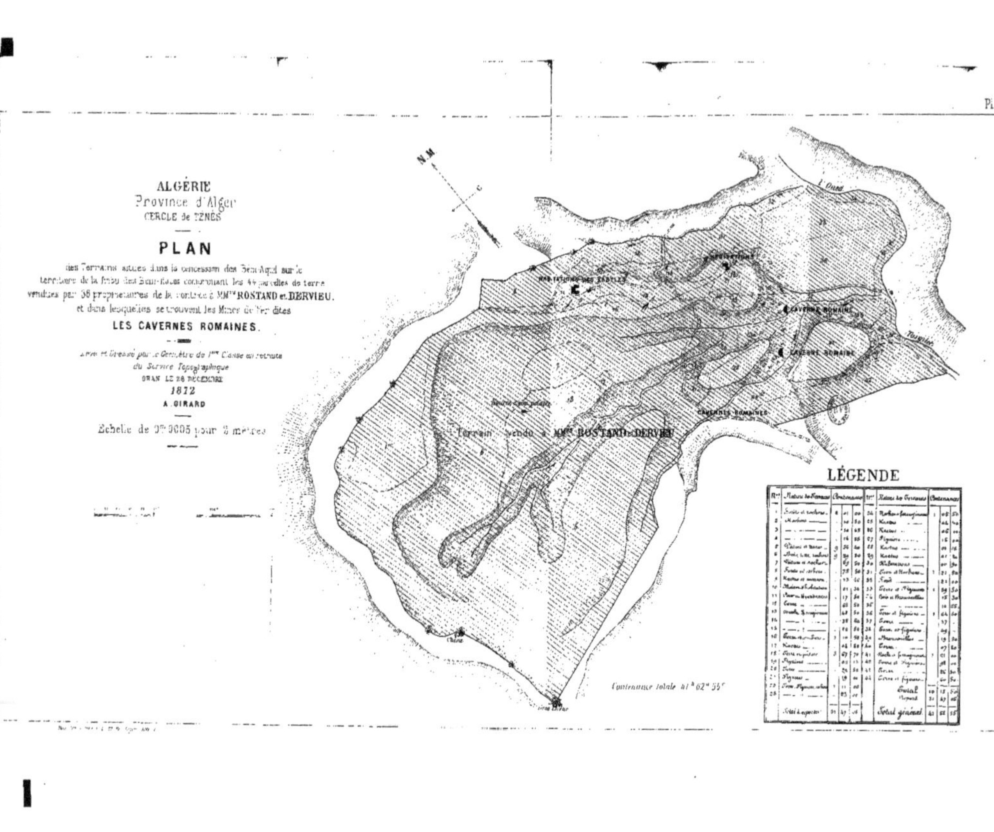
Pl. 3
ALGÉRIE
Province d'Alger
CERCLE de TÉNÈS
PLAN
LES CAVERNES ROMAINES.
1872
A. GIRARD
CAVERNE ROMAINE
CAVERNES ROMAINES
Terrain vendu à MM.rs ROSTAND et DERVIEU
L'Oued
LÉGENDE
Total général
Contenance totale 41h 62a 55c

PL. N° 4

ÉTABLISSEMENT DU SIÈGE D'EXPLOITATION DES MINES CUPRIFÈRES DES BÉNI-AQUIL

1857 - 1862

ÉLÉVATION

PLAN

Limite du plateau

LÉGENDE

1 Fonderie
2 Magasin
3 Cabinet
4 Magasin
5 Cour fermée
6 Office
7 Cuisine
8 Office
9 Suite de la Cuisine

10 Cour fermée
11 Écurie
12 Couloir en planches
13 Chambre froide
14 Chambre à feu
15 Salon et chambre à manger
16 Chambre à feu
17 Cour et jardin
18 Petit Bureau

19 Magasin
20 Logement du Gardien
21, 22, 23, 24, 25 Chambres à feu.
26 Magasin
27 Chapelle

27bis Caveau
28 Prison
29 Forge
30 Écurie
31 Chambre froide
32 Laboratoire
33 Chambre à feu
34 d° d°
35 Cour fermée

36 Écurie
37 Magasin de la Cantine
38 Cuisine de la Cantine
39 Cantine
40 Chambre à feu vide
41 Boulangerie
42 Four à pains

A Stock de coke. 65 mètres cubes 36c
BCP Stock d'oxyde de zinc. 8 m³ 656
EFGN Mattes de cuivre 6 m³ 355
IKLM Tas de minerais de cuivre 161 m³ 300
HO Tas de briques et de tuiles 14 m³ 397
FF Fours à Mattes
Q Cheminée

Echelle de 0m01 pour 5 mètres

www.ingramcontent.com/pod-product-compliance
Ingram Content Group UK Ltd.
Pitfield, Milton Keynes, MK11 3LW, UK
UKHW020937180726
13838UKWH00003B/1008

9 782329 283319